EPLAN Pro Panel 实例入门

张 彤 郭科研 杨 威 编著

北京航空航天大学出版社

内 容 简 介

本书介绍了电气图纸设计软件 EPLAN 系列 3D 制造部分的 EPLAN Pro Panel,在电气工程师初步了解 EPLAN 设计的基础上,进行面向电气制造的深度设计。主要内容分为体验篇、部件篇、设计制造篇三部分。第 2 章到第 6 章为体验篇,先从体验的角度带领读者认知 EPLAN Pro Panel 的基本设计方法;第 7 章到第 14 章为部件篇,辅导读者根据自己的需求,用实例的方法制作用于设计的部件、箱体和对应的素材;第 15 章到第 17 章为设计制造篇,根据已经完成的电气设计,用软件的方法实现指定制造的文件。

本书适合电气设计从业人员学习使用,也可用于相关专业的教学实践。

图书在版编目(CIP)数据

EPLAN Pro Panel 实例入门 / 张彤,郭科研,杨威编著. -- 北京 : 北京航空航天大学出版社,2016.8
ISBN 978 - 7 - 5124 - 2221 - 6

Ⅰ. ① E… Ⅱ. ① 张… ② 郭… ③ 杨… Ⅲ. ① 电气设备—计算机辅助设计—应用软件 Ⅳ. ① TM02 - 39

中国版本图书馆 CIP 数据核字(2016)第 192208 号

EPLAN Pro Panel 实例入门
张　彤　郭科研　杨　威　编著
责任编辑　刘晓明

*

北京航空航天大学出版社出版发行

北京市海淀区学院路 37 号(邮编 100191)　http://www.buaapress.com.cn
发行部电话:(010)82317024　传真:(010)82328026
读者信箱: goodtextbook@126.com　邮购电话:(010)82316936
北京建宏印刷有限公司印装　各地书店经销

*

开本:787×1 092　1/16　印张:13　字数:333 千字
2016 年 9 月第 1 版　2022 年 1 月第 2 次印刷　印数:4 001～4 300 册
ISBN 978 - 7 - 5124 - 2221 - 6　定价:45.00 元

前　言

本书是一本辅导读者利用工程软件实现电气 3D 设计的图书，通过一些实际案例，让读者接触并了解 EPLAN Pro Panel，并尽快地形成生产力。

全书共分 17 章，主要内容有：绪言、进入 Pro Panel 的 3D 空间、新建箱柜、箱柜附件安装、安装板部件放置、制造数据、部件——系列化部件建设、没有 3D 宏文件的部件建设、寻找已有 3D 文件的方法、绘制简单 3D 图形——草图、绘制简单3D 图形——基于草图特征的构建、绘制简单 3D 图形——钣金、部件 3D 宏定义、箱体结构 3D 宏定义、连接的设计和制造、电气安装设计和制造、铜排的设计等。

本书和姊妹篇《EPLAN 电气设计实例入门》一样，介绍必需的知识，让读者以最少的精力做最简单的 EPLAN Pro Panel 的项目，手把手一步一步地教会读者画最简单的图纸。

在学习一个较为陌生领域（如 EPLAN）的知识的时候，比较好的学习原则是建立一个自己的"树干"，就是自己对这个软件工作逻辑的整体认知。之后再在"树干"上根据自己的工作内容，去生长自己的"枝叶"。这样学习知识，才可以像金庸先生描述的"太极"一样，忘掉招数，应用的时候招式随手拈来。

在最初建立"树干"往往是比较困难的，所以在学习初期简化学习对象的结构，剔除在最初学习阶段无关、不重要、甚至一些比较重要的知识，极大降低学习难度，是教师或者教程追求的目标。

本书通过最简单的 3D 项目，帮助用户建立自己的"知识树"，之后再去完善钣金、部件设计等"枝叶"，形成知识的系统覆盖。

张彤完成了本书的项目设计部分，杨威完成了部件设计部分，郭科研完成了相关机械模型设计方面的写作工作。

一如既往地感谢在《EPLAN 电气设计实例入门》一书前言中感谢过的朋友。感谢 EPLAN 公司的覃政总经理和战天明、马如昶工程师的帮助。感谢启发我编写这本书并在我遇到困难时不断鼓励我坚持做下去的张瓒。感谢北京显通恒泰科技有限公司的张显、林丽莉、叶鹏飞、刘玉民、吴希敏对本书编写期间各个方面工作的支持。也感谢在家庭默默支持我的林雪菁。

作　者
2016 年 6 月

目　录

第1章 绪　言

1.1　EPLAN 软件体系简介

1. EPLAN Pro Panel 与 EPLAN P8 的关系

基于 EPLAN Platform 的软件平台（见图 1-1）为迈向工业 4.0 的电气制造行业提供了优秀的解决方案。与 EPLAN P8 的面向电气原理的应用范围不同，EPLAN Pro Panel 提供了以 EPLAN P8 设计数据为基础的面向 3D 制造的解决方案。简而言之，EPLAN P8 面向原理图设计，EPLAN Pro Panel 面向 3D 设计，并提供基于 3D 的制造解决方案。

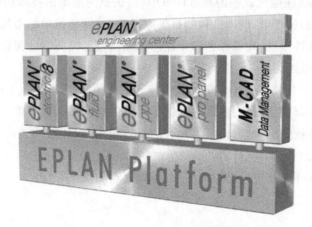

图 1-1　基于 EPLAN Platform 的软件平台

2. EPLAN Platform 其他常见软件

以 EPLAN Platform 为基础的其他组件，如 EPLAN Fluid 针对液压和气动设计、EPLAN Pro Panel 等预规划设计软件取代了之前的 PPE，构成了丰富完善的软件体系。

1.2　编写目标

1. 我的困难

作者从事电柜成套的行业，经营一家电气控制柜组装和成套的公司，在公司运营的过程中遇到过很多困难和问题，相信这些困难和问题会锤炼电气行业中的企业和工程师。

编写本书的目标是期望用自己的经验，帮助类似的企业和工程师解决一些发生在企业自身的类似问题。

人力资源变化对公司技术和产品质量的影响是作者见到比较普遍问题。

案例一 技术流失:资深技术工人流动影响企业的产能。老员工离职后,老客户的技术要求对于新的技术工人来说没人知道了,还要重新和客户沟通,以前发生过的质量问题基本上还要再发生一遍。

原因:员工的知识没有变成企业的知识。

案例二 员工培训:相对于其他行业,电气制造专业劳动强度虽然不大,但是对员工的技术要求较高。在目前人力成本高的时代,员工的选材范围窄、培训经济成本和时间成本高、培训的成功率低等都是困扰企业的问题。

原因:大量的技术内容需要技术员工去承载。

2. EPLAN 平台提供的帮助

EPLAN P8 在平面原理图环节中,可以有效改善案例一和案例二遇到的问题,可以更好地传承知识和更准确地承载制造工艺知识。更多的信息从技术工人的经验中落实到图纸以及对应的图表和报表中。

EPLAN Pro Panel 在电气设备的制造环节中,提供更为准确的技术描述。

在传统制造电柜的过程中,设计工程师提供原理图,或者是简单的布局。技术工人需要承担很多技术工作,如部件布局、导线颜色和线径的选配以及并线方案的提出。这也是对电气工人技术水平要求高的原因。

EPLAN Pro Panel 把这些技术承载的工作转到工程师的层面,经过 EPLAN Pro Panel 细化设计的图纸,包括全部的制造信息,极大降低了对电气技术工人的要求。同时做到的是技术内容的传承,这些制造技术细节,也由技术工人的经验转化到 EPLAN Pro Panel 项目图纸中,保存到公司的文档里。

使用 EPLAN Pro Panel 进行电柜的细化设计,缺点和优点并存。

缺点:

- 软件成本高。
- 工程师学习有难度,对工程师有更高的技术要求。
- 企业实施各个环节有阻力。

优点:

- 设计细化有助于提高产品质量。
- 降低了生产员工层面的技术要求,所有的内容都在图纸和报表中。
- 技术可以积累,有很大的效率提高空间,可为数字化制造提供数据基础。

1.3 编写宗旨

(1) 简 单

本书和姊妹篇《EPLAN 电气设计实例入门》一样,尽量少地介绍难度大的知识,让读者以最少的精力完成用 EPLAN Pro Panel 实现电柜 3D 设计的项目,尽快上手形成生产力。

(2) 实 例

手把手一步一步地教会读者画最简单的图纸。

（3）讲　解

● 在讲实例前讲必需的知识。

● 在讲实例的过程中讲这些知识的应用。

● 在讲实例后进行知识点汇总，重要的事情多说几遍。

（4）贴近生产知识的讲解

作者所在的企业就是电柜成套企业，在图纸设计和数字化制造方面有一些经验，这也许会对期望通过 EPLAN Pro Panel 提高制造效率和制造质量的朋友有所启发。

（5）设计理念

EPLAN Pro Panel 是一款专业的电气 CAE 软件，只有了解了 EPLAN 软件的设计理念，才能够用正确的方法实现设计师的想法，并为以后的数字化生产做准备。所谓"授人以鱼，不如授人以渔"，授人以鱼只救一时之急，授人以渔则可解一生之需。

1.4　本书结构

本书从简单应用到生产应用进行讲解。学习过程基本经历两轮实例学习。

第一轮实例学习的原则是不需要自己创建任何资源，仅仅利用软件提供的资源完成体验层面数字化制造的"体验篇"（第 2 章到第 6 章）。

第二轮实例学习会在增加设计内容的过程中，讲解 EPLAN Pro Panel 常用的一些知识，范围涵盖部件准备方面的"部件篇"（第 7 章到第 14 章）、与平面和 3D 设计有关的以及基于数字化制造的"设计制造篇"（第 15 章到第 17 章）等内容。在 3D 设计方面，简单对 SolidWorks 进行了讲解。

从第 2 章起，每章的内容以"内容介绍"为开始，围绕实例讲解设计过程，最后以在设计过程中遇到的关键知识的复习总结即"知识点总结"收尾。

1.5　教程的时新性和版本的稳定性

软件书籍时新性的标志是其反映升级软件最新变化的及时性；而版本稳定性的标志则是阐释该软件的内容在时间推移过程中对于不断升级的软件的适配程度。

本书软件为 EPLAN Pro Panel-Professional＋（64 位）V2.5 版本，内部版本号为 9380。感谢 EPLAN 官方提供经销商授权应用。

3D 设计软件使用 SolidWorks 2014 x64 版本。

Office 软件使用 Office 2013 64 位版本。

EPLAN Pro Panel V2.x 的不同版本变化还是很大的，目前 EPLAN 发布的软件版本是 EPLAN Pro Panel V2.5，我们的课程内容是基于 EPLAN Pro Panel V2.5 这一版本。如果版本不同，可以参考对应软件版本提供的帮助文档。

1.6 教学建议

读者对象：本书面向的读者是具有基本计算机操作技能，有基本电气知识，对 EPLAN P8 有一些基本了解，以及希望能够依托 EPLAN Pro Panel 对电柜设计制造有所帮助的用户。

如果读者期望了解更多 EPLAN P8 有关图纸设计的内容，可以参考本书姊妹篇《EPLAN 电气设计实例入门》或者 EPLAN 公司张福辉编写的《EPLAN Electric P8 教育版使用教程》，虽然说是教育版，但内容与商业版并无区别。

学习目标：希望能够通过一些实际的案例，让读者接触并了解 EPLAN Pro Panel，并尽快地形成生产力。EPLAN 高级的内容还是很多的，千万不要指望通过学习这本入门图书就能成为 EPLAN Pro Panel 的高手。

学习内容：本书不是软件说明书，也不是查询手册，内容聚集在电气设计必需的一些知识点上，只准备了形成生产力必需的知识。

第 2 章 进入 Pro Panel 的 3D 空间

2.1 内容介绍

本章首先介绍 EPLAN Pro Panel 软件安装的几个注意事项,然后通过创建项目、新建 3D 空间、插入箱柜使读者对 EPLAN Pro Panel 有一个简单的认知。

在实践过程中会接触到"工作区域"、"EPLAN Platform 主数据安装位置"、"EPLAN 路径变量的概念"、"EPLAN Pro Panel 的常用导航器"几个知识点,将在"知识点"环节进行讲解。

2.2 实例操作

2.2.1 软件安装对环境的需求

EPLAN Pro Panel V2.5 是 64 位的应用软件,自 2.5 版本起,EPLAN 将仅提供 64 位版本的 EPLAN 平台。

针对操作系统的需求,EPLAN Pro Panel V2.5 只能安装到 Microsoft 操作系统和 64 位版本上。本书例程中安装的操作系统为 Window 8.1 专业版 64 位。

针对数据库软件的需求,如果需要针对部件管理、项目管理和字典使用 Access 数据库,则必须同时安装 64 位版本的 Microsoft Office 应用程序(包括 Microsoft Access)。本书例程中安装的 Microsoft Office 为 Office 2013 64 位版本。

如果 Microsoft Office 已安装且版本为 32 位,则必须针对部件管理、项目管理和字典使用 SQL 服务器数据库。

2.2.2 软件安装的注意事项

1. 有关软件安装路径

软件安装过程不再详述,安装配置全部以安装软件默认配置为准,这样安装软件不用动脑筋,可以留下精力去学习其他需要学习的内容。

2. 有关加密狗驱动

在软件安装结束后,作者遇到软件无法进入的问题,检查系统设置,发现加密狗驱动没有正常安装。软件安装过程中,系统并没有在安装软件中查找并安装加密狗的驱动。

可以在 EPLAN Pro Panel 2.5.4.9380\ELM\Services(x64)\Drivers 文件内执行 HAS-PUserSetup.exe 文件,对加密狗驱动程序进行安装。

2.2.3 新建项目

双击桌面窗口 EPLAN Pro Panel 2.5 图标,如图 2-1 所示,进入 EPLAN Pro Panel 2.5

开始界面,如图 2-2 所示。

图 2-1 EPLAN Pro Panel 2.5 桌面快捷方式图标

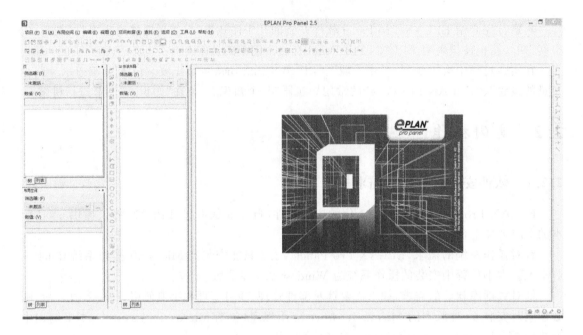

图 2-2 EPLAN Pro Panel 开始界面

与传统软件介绍不同,这里暂时不介绍桌面上不同的区域和功能,只把我们用到的功能或者必须关注的内容突出强调一下。

知识点 1:工作区域

EPLAN 的工作界面由众多的菜单导航器构成。不同的工作阶段往往会使用不同的工作界面,如只打开当前工作阶段关注的编辑内容等。在本书讲解 EPLAN Pro Panel 的阶段,经常使用的区域除了配置的常见菜单、按钮外,导航器常使用的是"页导航器"、"布局空间导航器"、"3D 安装布局导航器",如图 2-3 所示。

在经过大量编辑工作后,有时候会调整各个导航器的大小或者调用不同的导航器,结果往往找不到书中提到的按钮或者菜单,这个时候,就可以选择"视图"→"工作区域"菜单项,如图 2-4 所示。

弹出"工作区域"对话框,如图 2-5 所示。

在"工作区域"对话框的"配置"下拉项中选择"Pro Panel"配置,单击"确定"按钮完成"Pro Panel"工作区域的恢复,恢复结果如图 2-2 所示。

选择"项目"→"新建"菜单项,弹出"创建项目"对话框,如图 2-6 所示。

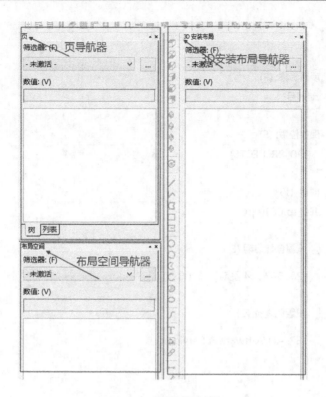

图 2 - 3　导航器布置

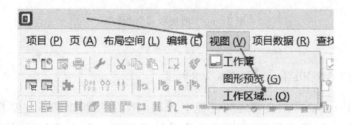

图 2 - 4　选择工作区域

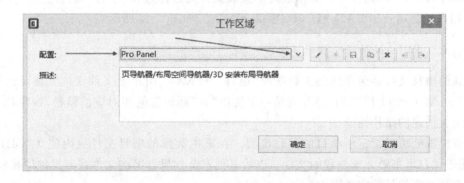

图 2 - 5　"工作区域"对话框

在"项目名称"文本框填写"demo2_1"。

"保存位置"默认是"$（MD_PROJECTS）"，这里讲解一下 EPLAN Platform 定义主数据

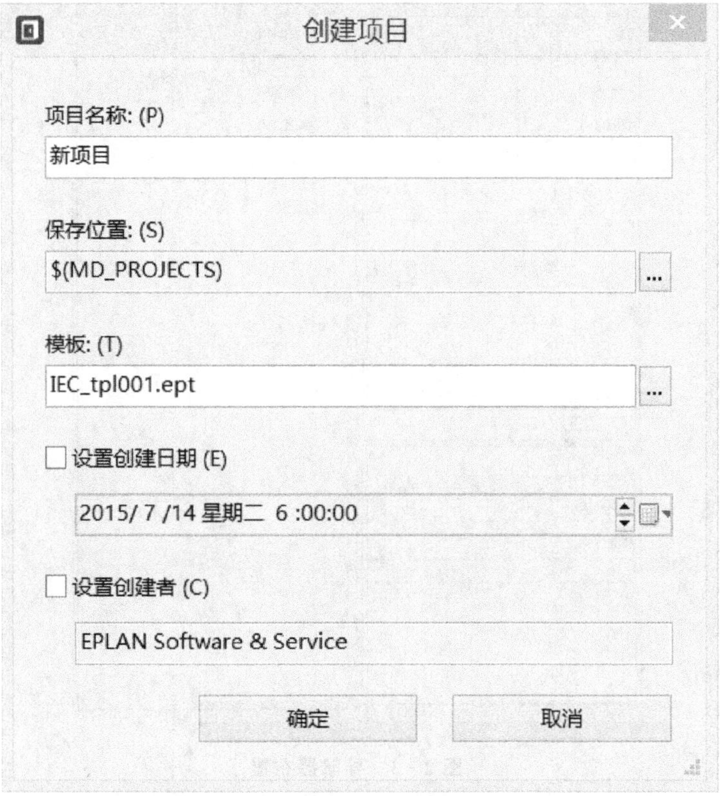

图 2 - 6 "创建项目"对话框

的安装路径。

知识点 2:EPLAN Platform 主数据安装位置

在 EPLAN Pro Panel 默认安装的过程中,EPLAN 的数据如果不在安装过程中修改,则安装过程会将 EPLAN 的主数据(可以理解为系统使用的一批关键素材)保存到"C:\Users\Public\EPLAN\Data"路径中。如果通过中文版文件夹选择,则顺序为"这台电脑→本地磁盘(C:)→用户→公用→EPLAN→Data→项目→china",如图 2 - 7 所示。

知识点 3:EPLAN 路径变量的概念

默认的项目文件会保存到该主数据的"项目"→"XXX"用户名文件夹内。在对话框中所引用的"$(MD_PROJECTS)"路径就是一个使用"$"标识符的相对应的路径,该路径描述的结构和上文描述的路径相同。

保存位置处可以指定新项目的保存位置。在该主数据的项目文件夹内建立"CHP02"文件夹,用于保存本书第 2 章例程的文件。以后其他章节如果有案例文件或者提供的技术资料,也会保存到对应编号的文件夹内。

建立"CHP02"文件夹的方法为右击"项目"下的用户名,本机用户名为"china",弹出快捷菜单,选择"新建"→"文件夹",如图 2-8 所示。新建文件夹命名为"CHP02"。

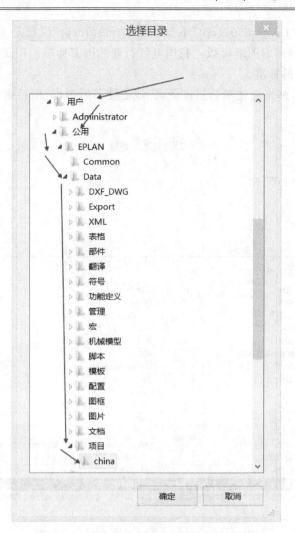

图 2 - 7　EPLAN Pro Panel 主数据保存路径

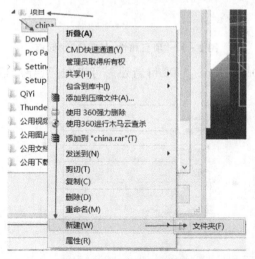

图 2 - 8　新建项目文件夹

模板文本框保持"IEC_tpl001.ept"不变,"IEC_tpl001.ept"模板是 EPLAN 根据国际电工学会(IEC)相关标准制作的图纸模板。我国电气行业的国家标准 GB 或者国家推荐标准 GBT 大都等同或遵守 IEC 的标准。

单击"确定"按钮,弹出新建项目进度条,完成进度条后弹出"项目属性:新项目"对话框,如图 2 - 9 所示。

图 2 - 9 "项目属性:新项目"对话框

单击"确定"按钮,完成"demo2_1"项目新建。可以在"页导航器"中看到新建的项目,如图2 - 10 所示。

图 2 - 10 "页导航器"中新建的项目

2.2.4　创建 3D 空间

下面通过在新建项目"demo2_1"中创建 3D 空间的实例,体验 3D 的视角并了解 3D 的基本概念和操作方法。

在当前项目中,可以看到"布局空间"导航器的区域没有任何的内容,如图 2－11 所示。

选择"布局空间"→"新建"菜单项,如图 2－12 所示。

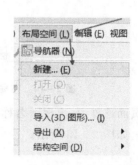

图 2－11　空白"布局空间"导航器　　　　**图 2－12　"布局空间"中"新建"菜单项**

弹出"布局空间"对话框,如图 2－13 所示。

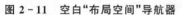

图 2－13　新建"布局空间"对话框

单击"确定"按钮,完成新建布局空间"1"的创建。布局空间出现透明正方体,名称为"1",

如图 2 – 14 所示。

图 2 – 14 布局空间出现名称为"1"的新建布局空间

同时,在页面部件中,出现了名称为"1"的区域。左下角还出现了以红色、绿色、蓝色正交的坐标系箭头,如图 2 – 15 所示。

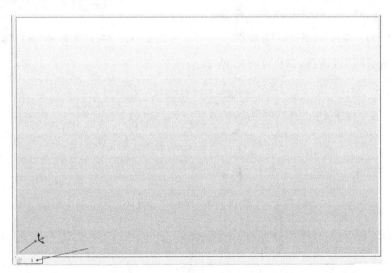

图 2 – 15 新建空间页面

知识点 4:EPLAN Pro Panel 的常用导航器

前文在"工作区域"中提到过布局空间导航器和 3D 安装布局导航器,除了了解到名称和默认存在位置外,我们对它们没有更多的了解。

这两个导航器是 EPLAN Pro Panel 比较核心的应用,对核心概念的了解和领悟有助于我们对软件整体架构的了解和应用。

先从官方的帮助文件说起。官方文件对布局空间及 3D 安装布局导航器的描述如下:

布局空间(帮助文本的描述):

"布局空间导航器向您提供 3D 安装布局内项目数据的逻辑观点:

可在布局空间导航器中创建布局空间,以使用 3D 视图显示和放置设备,与项目页无关。

您可以在布局空间导航器弹出的菜单内的布局空间中激活用于放置设备的安装面。

可在布局空间导航器中筛选显示并在树或列表视图之间转换,如同在其他导航器中。"

3D 安装布局导航器(帮助文本的描述):

"在 3D 安装布局导航器中列出已在项目中存在的设备并可用于布局空间中的放置。"

以作者的理解,总结以上内容为 3 个概念,具体如下。

- 布局空间:与项目无关,用于摆放 3D 部件的空间。
- 布局空间导航器:已经在 3D 空间中的部件管理器。
- 3D 安装布局导航器:与项目有关,管理项目中可以在 3D 空间中操作的部件。

2.3　知识点总结

知识点 1:工作区域

EPLAN 的工作界面由众多的菜单导航器构成。不同的工作阶段,往往会使用不同的工作界面。

- 这些界面可以调整大小和位置。
- 这些界面可以配置不同的导航器、按钮、菜单。
- 用户可以根据个人习惯调整快捷图标的位置。
- 这些界面可以作为配置文件进行保存。
- 用户可以通过调用工作区域配置文件快速恢复到配置指定的工作界面。

本节中调用的"Pro Panel"就是软件开发者提供的一个典型配置。

知识点 2:EPLAN Platform 主数据安装位置

EPLAN Pro Panel 是基于 EPLAN Platform 平台的软件。EPLAN Pro Panel 和 EPLAN P8 一样,都是基于 EPLAN Platform 的软件。软件运行需要的数据文件会按照功能分类保存在文件夹中,这个文件夹内的文件就可以理解为主数据。

我们在以后章节接触到的部件、表格、图框等都是主数据内容。

在软件安装的过程中,用户可以指定主数据的安装位置。由于计算机操作系统有损坏的可能性,格式化 C 盘会丢失默认主数据路径的内容,所以建议对软件了解后,把 EPLAN 的主数据保存在 C 盘以外的分区。

软件安装完成后,依然还可以通过选择"选项"→"设置"菜单项对软件进行配置。

在前文讲述路径的时候提到了"＄"符号,它就是路径变量的标识符号。

知识点 3:EPLAN 路径变量的概念

一个路径变量就是一个字符串,在 EPLAN 中用于表示具体信息,如:驱动器名称、目录名称和/或项目名称。大多数变量的值在安装时确定,现在可在目录设置中修改,一些路径变量的值与当前项目目录相关。

表 2-1 列出了 EPLAN 中经常使用的路径变量及含义,在应用 EPLAN Pro Panel 的过程中,灵活使用路径变量的概念可以提高数据的读取和文件保存配置的效率。

表 2-1 路径变量及含义

路径变量	含义
$(BIN)	安装时生成的程序目录,包含单个模块的程序库(*.dll)
$(CFG)	安装时生成的配置目录,包含单个模块的 xml 文件
$(CFG_COMPANY)	安装时生成的配置目录,包含公司设置
$(CFG_STATION)	安装时生成的配置目录,包含工作站设置
$(CFG_USER)	安装时生成的配置目录,包含用户设置
$(DOC)	项目指定的文档目录
$(EPLAN)	安装时生成的上一级主目录
$(EPLAN_DATA)	安装时生成的上一级主数据目录
$(IMG)	项目指定的图片目录
$(MD_DOCUMENTS)	在"选项"→"设置"→"用户"→"管理"→"目录"菜单项下确定的文档目录
$(MD_DXFDWG)	在"选项"→"设置"→"用户"→"管理"→"目录"菜单项下确定的 DXF/DWG 文件目录
$(MD_FCTDEFS)	在"选项"→"设置"→"用户"→"管理"→"目录"菜单项下确定的功能定义目录
$(MD_FORMS)	在"选项"→"设置"→"用户"→"管理"→"目录"菜单项下确定的表格目录
$(MD_FRAMES)	在"选项"→"设置"→"用户"→"管理"→"目录"菜单项下确定的图框目录
$(MD_IMG)	在"选项"→"设置"→"用户"→"管理"→"目录"菜单项下确定的图片目录
$(MD_MACROS)	在"选项"→"设置"→"用户"→"管理"→"目录"菜单项下确定的宏和轮廓线目录
$(MD_MECHANICALMODELS)	在"选项"→"设置"→"用户"→"管理"→"目录"菜单项下确定的机械模型目录
$(MD_PARTS)	在"选项"→"设置"→"用户"→"管理"→"目录"菜单项下确定的部件目录
$(MD_PROJECTS)	在"选项"→"设置"→"用户"→"管理"→"目录"菜单项下确定的项目目录
$(MD_SCHEME)	在"选项"→"设置"→"用户"→"管理"→"目录"菜单项下确定的配置目录
$(MD_SCRIPTS)	在"选项"→"设置"→"用户"→"管理"→"目录"菜单项下确定的脚本目录
$(MD_SYMBOLS)	在"选项"→"设置"→"用户"→"管理"→"目录"菜单项下确定的符号目录
$(MD_TEMPLATES)	在"选项"→"设置"→"用户"→"管理"→"目录"菜单项下确定的模板目录
$(MD_TRANSLATE)	在"选项"→"设置"→"用户"→"管理"→"目录"菜单项下确定的翻译文件目录
$(MD_XML)	在"选项"→"设置"→"用户"→"管理"→"目录"菜单项下确定的 XML 文件目录
$(P)	当前选择的项目的完整项目目录
$(PPE_DWG)	在"选项"→"设置"→"用户"→"PPE"→"目录"菜单项下确定的 AutoCAD* 文件、管道及仪表流程图和符号的目录
$(PPE_FORMS)	在"选项"→"设置"→"用户"→"PPE"→"目录"菜单项下确定的 PPE 表格目录
$(PPE_LISTS)	在"选项"→"设置"→"用户"→"PPE"→"目录"菜单项下确定的 PPE 列表目录
$(PPE_MACROS)	在"选项"→"设置"→"用户"→"PPE"→"目录"菜单项下确定的安装规定 PPE 宏目录
$(PPE_MD)	在"选项"→"设置"→"用户"→"PPE"→"目录"菜单项下确定的 PPE 主数据目录
$(PROJECTNAME)	当前选择的项目的无目录路径和文件扩展名的项目名称
$(PROJECTPATH)	当前选择的项目的完整项目目录
$(TMP)	操作系统使用的临时文件目录

知识点 4：EPLAN Pro Panel 的常用导航器

EPLAN Pro Panel 经常使用两个重要导航器。

● 布局空间导航器：已经在 3D 空间中的部件管理器。（布局空间：与项目无关，用于摆放 3D 部件的空间。）

● 3D 安装布局导航器：与项目有关，管理项目中可以在 3D 空间中操作的部件。

下面再次解释一遍。

● 布局空间导航器：用结构"树"的方式或者"列表"的方式，编辑 3D 空间内的 3D 部件。

　　　　其可理解为一个篮子，在 2D 设计的部件，如果具备 3D 放置条件，且放置在布局空间内，都会出现在这里，像常规导航器一样支持树和列表的选择方式。

● 3D 安装布局导航器：可以在 3D 空间应用的部件管理。已经使用的会有标记显示。

第3章　新建箱柜

3.1　内容介绍

本章以实例操作的形式,在 EPLAN Pro Panel 的 3D 空间插入一个 AE 的操作箱。

在放置查看 AE 操作箱的时候,会接触到"在操作之前选择操作对象"、"关闭目前不用的项目"、"3D 视角和坐标系"几个知识点,将在"知识点"环节进行讲解。

3.2　实例操作

3.2.1　复制项目

在进入第 3 章后,我们会继续第 2 章中完成的项目,因此,在主数据项目文件夹内新建"CHP03"文件夹,并把"CHP02"文件夹内的项目复制到该文件夹内,命名为"demo3_1"。

用鼠标左键选择"demo3_1"项目,该项目以深蓝色背景被标注出来。

知识点 1:在操作之前选择操作对象。

在 EPLAN 软件操作中,操作的原则是先选择需要操作的对象,然后选择需要操作的动作。

选择"项目"→"复制"菜单项,如图 3-1 所示。

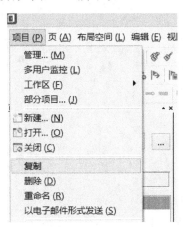

图 3-1　复制项目菜单项

弹出"复制项目"对话框,如图 3-2 所示。

单击"复制项目"对话框中"目标项目"文本框后边的"…"按钮,弹出"复制到"对话框,如图3-3 所示。

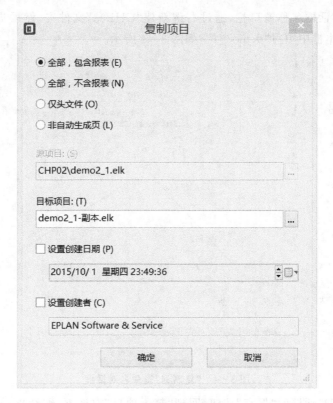

图 3 - 2　"复制项目"对话框

图 3 - 3　"复制到"对话框

在"复制到"对话框名称窗口栏,通过右键新建"CHP03"文件夹,然后进入"CHP03"文件夹,在"文件名"文本框中填写"demo3_1",如图 3-4 所示。

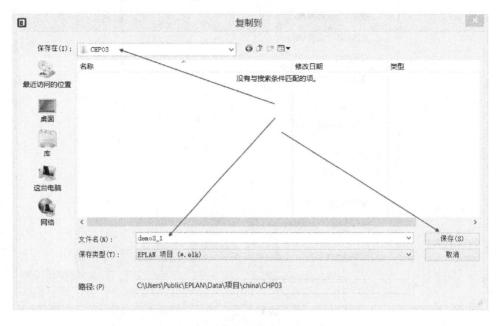

图 3-4 "复制到"重命名对话框

单击"复制到"对话框的"保存"按钮,回到"复制项目"对话框,继续单击"确定"按钮,完成基于"demo2_1"的"demo3_1"项目的建立,如图 3-5 所示。

知识点 2:关闭目前不用的项目

EPLAN 软件是一个基于数据库的软件,可以同时打开多个不同项目文件。虽然 EPLAN 有这样的功能,但是关闭不用的项目,不仅会提高计算机的工作效率,更重要的是,降低了项目文件打开时被意外损坏的概率。打开的文件被损坏后往往很难修复。

用鼠标左键选择"demo2_1"项目,该项目以深蓝色背景被标示出来。

选择"项目"→"关闭"菜单项,如图 3-6 所示,关闭"demo2_1"项目。

图 3-5 新建"demo3_1"项目

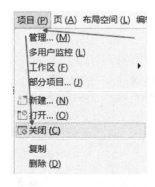

图 3-6 关闭项目菜单栏

3.2.2　插入 AE 电气箱

在工具栏区域,可以找到 Pro Panel 工具栏,如图 3-7 所示。

图 3-7　Pro Panel 工具栏位置

单击 Pro Panel 工具栏第一项箱柜按钮。如果按照本书的顺序来操作,这个动作不会有任何的反应。仔细观察箱柜按钮,发现图标的线条是灰色,如图 3-8 所示。

图 3-8　灰色箱柜按钮

灰色的按钮或者灰色的菜单选项意味着当前的情况并不具备执行该按钮或者命令的条件。

双击"demo3_1"布局空间中的"1"立方体,进入空间"1",如图 3-9 所示。

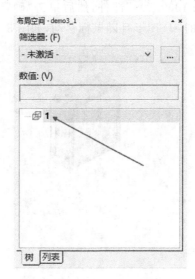

图 3-9　激活"1"布局空间

在图左侧图纸区域出现"1"部件空间和三色正交符号,此时再次观察 Pro Panel 工具栏上的箱柜按钮已经变为深色图形。此时按钮可以操作,如图 3-10 所示。

图 3-10　可操作的箱柜按钮

单击 Pro Panel 工具栏箱柜按钮,弹出"部件选择"对话框,如图 3-11 所示。

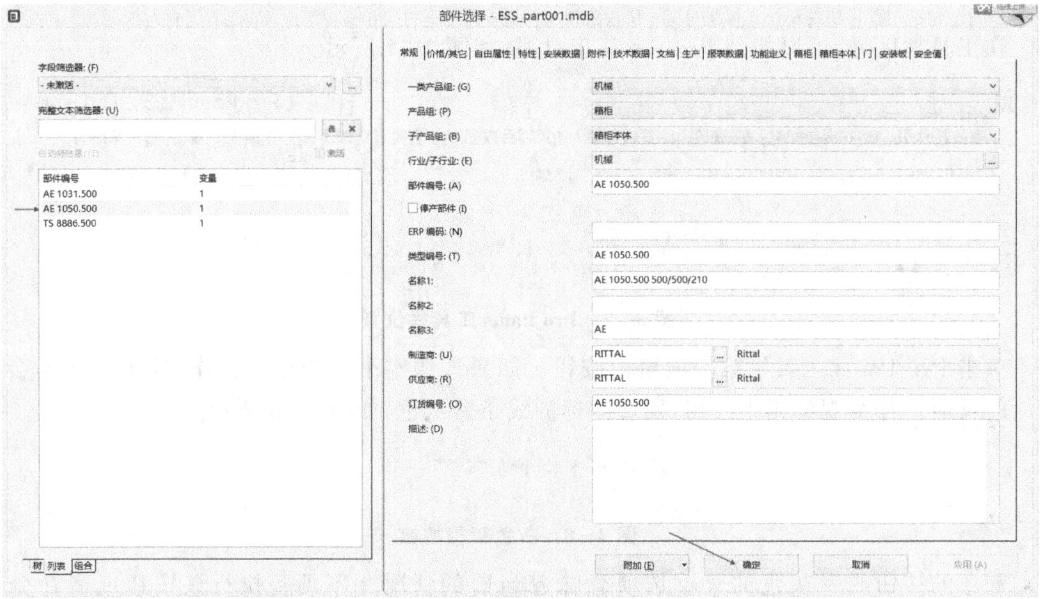

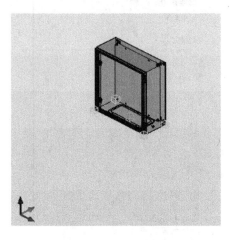

图 3-11 "部件选择"对话框

在"部件编号"处选择"AE.1050.500"部件,然后单击"确定"按钮,"部件选择"对话框关闭,在"1"部件空间出现 AE 箱的 3D 图形且随鼠标移动,如图 3-12 所示。

图 3-12 插入 AE 箱

"AE.1050.500"是威图(Rittal)一个操作箱系列的产品,产品相关参数如图 3-13 所示。

在空间内任意选中位置后单击,在空间"1"内插入了"AE.1050.500"部件。在鼠标单击位置出现一个固定的 AE 箱,然后又有第二个相同 AE 箱随着鼠标移动,可以在空间"1"放置第二个相同规格的箱体,如图 3-14 所示。按键盘的 Esc 键可以中断本部件的放置工作。

紧装式控制箱 AE

宽度：380～800 mm，高度：500～1 000 mm

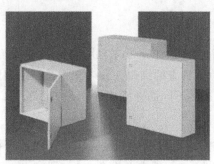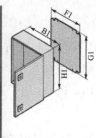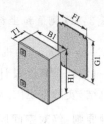

材料：钢板。
表面处理：
箱体和门：浸涂底漆。
外部为粉末涂层。
颜色为 RAL 7035，织纹。
安装板：镀锌。

防护等级：
IP66，根据EN 60 529/09.2000。
符合NEMA4的要求。

供应范围：箱体四周封闭，单门。
箱体底部1块电缆封盖板。
门固定在右边。
也可换成左边。
带2个凸缘锁。
门上带发泡密封件。
镀锌安装板。

	包装										页码
宽度 (B1) mm		380	380	400	400	500	500	500	600	600	
高度 (H1) mm		600	600	500	800	500	500	700	600	600	
深度 (T1) mm		210	350	210	300	210	300	250	210	250	
安装板宽度 (F1) mm		334	334	354	349	449	449	449	549	549	
安装板高度 (G1) mm		570	570	475	770	470	470	670	570	570	
安装板厚度 mm		2.5	2.5	2.0	2.5	2.5	3.0	2.5	3.0	2.5	
型号AE	1个	1038.500	1338.500	1045.500	1037.500	1050.500	1350.500	1057.500	1060.500	1054.500	
重量 (kg)		15.6	19.4	13.0	26.2	16.8	19.6	31.2	22.8	24.8	

图 3 - 13   AE 箱 1050.500 技术参数

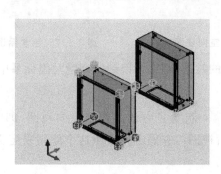

图 3 - 14   完成第一个 AE 箱后

3.2.3   EPLAN Pro Panel 视角

在 EPLAN Pro Panel 的有关视觉方向的工具栏称为 3D
视角工具栏，如图 3 - 15 所示。

3D 视角工具栏分为 3 组。

- 第一组为正方体的六个方向视图，分别是"上视图"、
  "下视图"、"左视图"、"右视图"、"前视图"、"后视图"。
  点击对应按钮后，系统会调整到对应视角的位置。
- 第二组为正交视图，从上的四个角度来观察，分别是
  "西南等轴视图"、"东南等轴视图"、"东北等轴视图"和

图 3 - 15   3D 视角工具栏

"西北等轴视图"。点击相应按钮后,系统会调整到对应视角的位置。

● 第三组为"旋转视角"按钮,选择该按钮后,可以通过鼠标左键任意调整视角的位置。

知识点 3:3D 视角和坐标系

EPLAN Pro Panel 的视角体系阅读起来有些麻烦,汇总起来,软件对 3D 的视角描述并不是特别统一,估计是软件设计不同开发阶段的一个折衷的结果。作者根据自己的理解,做了一个简单的总结,实际上 EPLAN Pro Panel 用了三种不同的原则描述 3D 的视角。

第一种原则:绝对空间原则

在 3D 空间视图中,三色正交的箭头是对空间方向最科学的定义。但是在视图操作方面,基本上没有使用到这个 3D 正交的坐标系(理解为"空间笛卡儿直角坐标系")。

该坐标图如图 3-16 所示。

在布局空间中没有轴的名称显示,在 EPLAN Pro Panel 的帮助文档中,对 3D 坐标系的说明给出了三轴的名称、颜色标识和图例,如图 3-17 所示。

X 轴为红色;

Y 轴为绿色;

Z 轴为蓝色。

图 3-16　3D 空间视图　　　　图 3-17　包含标识的 3D 坐标系

在任何混淆位置和方向的时候,都应该回到这个绝对坐标系中来确定位置和方向。

第二种原则:主观原则

在 3D 视角工具栏中的第一组为正方体的六个方向视图,即"上视图"、"下视图"、"左视图"、"右视图"、"前视图"、"后视图",它们就是按照这个原则来定义的。定义的出发点是默认并确定了观察者的具体位置。

那么以绝对空间坐标系为例,观察者的位置应该是:

Z 轴正方向为观察者的上方向;

X 轴正方向为观察者的右方向;

Y 轴正方向为观察者的面对方向。

第三种原则:方向原则

EPLAN Pro Panel 也许是为了和其他机械 3D 软件接口,又增加了"东"、"南"、"西"、"北"的概念,给出了第二组视图,从上的四个角度来观察,分别是"西南等轴视图"、"东南等轴视图"、"东北等轴视图"和"西北等轴视图"。点击对应的按钮后,系统会调整到对应视角的位置。

按照 EPLAN Pro Panel 的位置对照:

X 轴正方向为东;

Y 轴正方向为北;

Z 轴正方向为上。

综合汇总以上三种确定方向的原则,可以理解为 EPLAN Pro Panel 默认的观察者脸朝北观察挂在北墙上的电气 3D 部件。

虽然难以理解,为了使用好 EPLAN Pro Panel 软件,只好改变自己,硬性记忆吧。

3.2.4　显示和比例调整

按照前文的操作方法,可以体验一下不同固定视角观察 AE 电气操作箱的感觉。

和其他 3D 软件类似,EPLAN Pro Panel 支持"鼠标中键拖动"功能。按住鼠标中键,移动鼠标就可观察到被操作空间和鼠标光标同步移动。

使用 EPLAN Pro Panel 的 3D 视角工具栏的旋转视角按钮,如图 3-18 所示,即可完成任意视角的调整工作。

图 3-18　旋转视角按钮

3.3　知识点总结

知识点 1:在操作之前选择操作对象

EPLAN 软件的操作特点在《EPLAN 电气设计实例入门》中有详细的阐述,这里强调其操作特点是:首先选择操作对象,然后执行操作的动作。若发现设计过程中的结果和预期的不一样,则应看看这一条有没有做对。

知识点 2:关闭目前不用的项目

关闭不用的项目,可以提高计算机的效率,也减少出错的机会。

知识点 3:3D 视角和坐标系

复杂的坐标体系描述,给刚刚学习 EPLAN Pro Panel 的读者增加了不少困难。可以换一种理解记忆方式。

古代的皇帝面南背北,现在我们处理的电气 3D 部件也是我们的"皇帝",我们要面对它。

此时我们的右侧就是红色的 X 轴,我们看器件的眼光与看 Y 轴的绿色射线的颜色和方向都一样。

第4章　箱柜附件安装

4.1　内容介绍

本章通过对箱柜不同组件的显示设置、对不同组件的激活讲解,介绍 3D 部件安装的基本方法。作者总结了"三点一面"的知识点,并在安装板安装导轨和线槽的实例过程中讲解安装面和基准点的概念,在"知识点"环节进行复习。

4.2　实例操作

4.2.1　操作箱组件的显示

在进入箱柜操作之前,简单了解一下部件和组件的区别。

1. 部　件

在 EPLAN 的帮助文档中对部件定义如下:

部件是商业元素。它既包括商业数据,又包括技术数据。如果部件不属于带相应功能的设备,就不会含有技术功能。将相应的功能模板分配给部件,这样通过部件也定义了设备。

笔者所理解的部件概念,是厂家生产的具体型号的元器件,可以为部件增加电气功能。

在"布局空间"导航器中,空间"1"的"S1:箱柜"就可以理解为这个部件,如图 4 - 1 所示。

2. 组　件

在 EPLAN 的帮助文档中对组件定义如下:

在电气工程中,组件是设备的一部分,而无法继续拆开,例如:电机、端子、插头、辅助模块、电缆。可给组件分配部件编号,在安装板上以图形形式对其进行显示。可通过部件定义组件:组件为通过功能模板(参见功能模板)分配了技术属性的部件。

笔者所理解的组件概念,是组成部件的单元。在"布局空间"导航器中,组件"S1:机柜"、"S1:门"、"S1:安装板"、"S1:常规箱柜附件"就可以理解为部件"S1:箱柜"的组件,如图 4 - 2 所示。

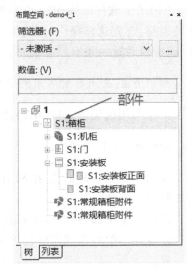

图 4 - 1　"S1:箱柜"的部件

知识点 1：查看单独部件或组件

在"布局空间"中，可以隐含其他组件或者部件而单独显示指定的部件或组件。

方法一：在"布局空间"导航器中，双击要单独显示的部件组、部件或者组件。

在"布局空间"双击"S1：箱柜"，如图 4 - 3 所示。

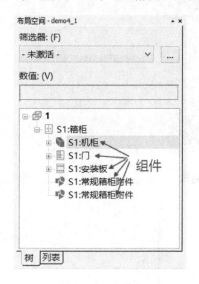

图 4 - 2　"S1：箱柜"的组件

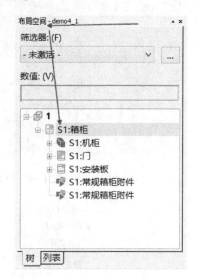

图 4 - 3　"布局空间"导航器"S1：箱柜"

3D 布局空间出现"AE.1050.500"箱柜 3D 图形，并且以黄色高亮显示，如图 4 - 4 所示，在图中可以看到完整的"AE.1050.500"部件。

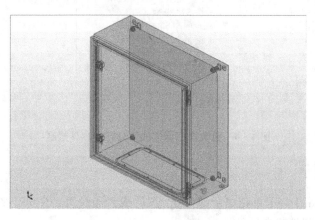

图 4 - 4　"S1：箱柜"显示

在"布局空间"导航器中单击"S1：箱柜"前"＋"按钮展开"S1：箱柜"，双击"S1：机柜"，布局空间如图 4 - 5 所示。

对比图 4 - 4 和图 4 - 5 可以发现其中的区别，EPLAN Pro Panel 可以在 3D"布局空间"中显示用户指定的部件和组件，同时"布局空间"导航器中，包含隐藏的部件组、部件或者组件符号处出现了橘黄色圆点，标识该部件被隐藏，如图 4 - 6 所示。

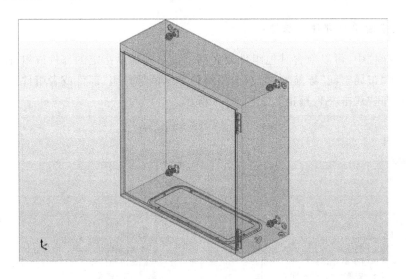

图 4 - 5　"S1:机柜"显示

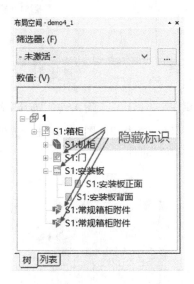

图 4 - 6　包含隐藏标识的"布局空间"导航器

4.2.2　多组件显示

EPLAN Pro Panel 除了单独显示部件组、部件或者组件外,还可以按照设计者的要求组合,同时显示指定的部件或者组件。

如果希望在图 4 - 5"S1:机柜"显示的基础上,还需要同时显示安装板,则可以按如下步骤操作:

① 在"布局空间"导航器选择被隐藏的"S1:安装板"(可以看到符号中标识着橘黄色圆点),单击右键弹出快捷菜单,选择"显示"→"选择"菜单项,如图 4 - 7 所示。

② 返回的"布局空间"导航器中,"S1:安装板"前的隐藏标识消失,如图 4 - 8 所示。

③ "布局空间"出现机柜和安装板同时显示的状态,如图 4 - 9 所示。

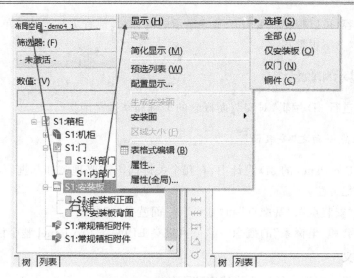

图 4 - 7 增加选择显示部分

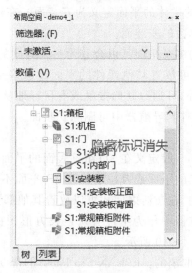

图 4 - 8 安装板隐藏标识消失

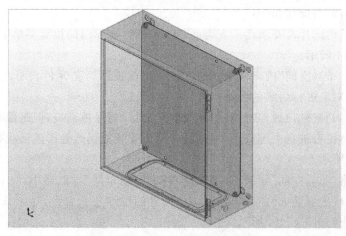

图 4 - 9 机柜和安装板同时显示

按本小节内容,可以根据需要自己调整显示的内容,其他有关显示的菜单根据提示操作也比较容易掌握,本书不再赘述。

4.2.3　组件显示和激活

要想对组件进行 3D 编辑,对安装面概念的了解和掌握是前提。

知识点 2:三点一面之"安装面"

在 EPLAN Pro Panel 的 3D 设计中,有几个关键词语需要理解和掌握。我们汇总给出了"三点一面"的记忆方法。

三点分别是"安装点"、"基准点"和"基点",一面就是"安装面"。

"三点一面"会和"坐标系"的概念一起一直贯穿 EPLAN Pro Panel 整个设计过程。

安装面的定义

在 EPLAN 帮助文档中是这样描述安装面的:

可将已作为 3D 数据导入的主体的平面定义为安装面。在这种情况下,存在两种可能:

① 单个平面可被定义为单独的安装面。

② 位于同一二维平面中的多个平面可以合并为一个共同的安装面。

此安装面为组件旁在其上可放置其他元件的平面。这些平面可捕捉应放置在其上的导轨、通道和元件的基准点。另外,可通过鼠标接触或有目标地从"布局空间"导航器的弹出菜单中自动激活安装面。在"布局空间"导航器中可删除安装面。

可以理解为:

① 安装面是需要定义的。一般定义在 3D 组件表面的平面,作为放置其他部件的支撑面。

② 安装面可以是一个连续的平面或者位于一个 2D 平面不连续的部分。

③ 安装面是可以被激活的,在激活之后才可以放置其他部件。

④ 安装面在布局空间导航器中作为组件有灰色长方形图标作为标识,没有这个图标的,不能称为安装面。该图标如图 4 - 10 所示。

⑤ 安装面是可以被激活或取消的。EPLAN Pro Panel 的帮助文档中提到激活和取消激活的方法。

直接激活安装面的操作如下:

在"布局空间"内选择需要激活的安装面,单击右键,在弹出的快捷菜单中选择"直接激活"菜单项,如图 4 - 11 所示。

激活完成后,"布局空间"内出现独立的安装板正面视图。亮绿色表明该对象目前处于选中状态,可以对该对象进行后续的操作,如图 4 - 12 所示。

单击"布局空间"灰色位置,当前安装板取消了选择,亮绿色消失,但是保存绿色并带栅格,表明该安装板虽然没有被选中等待下一步操作,但该安装板仍然处于激活状态,可以放置其他部件,如图 4 - 13 所示。

此时再次观察"布局空间"导航器,可以发现在"安装布局"导航器中,"S1:安装板正面"的灰色长方形符号(代表安装面)前方出现了一个额外的粉红色长方形,这个长方形表明当前安装面处于激活状态,如图 4 - 14 所示。

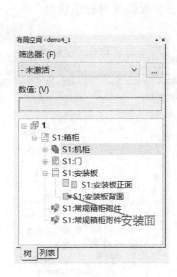
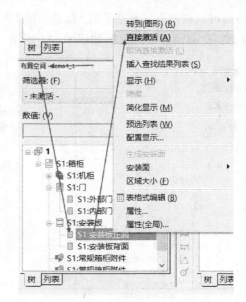

图 4-10　安装面图标　　　　　　图 4-11　直接激活安装面

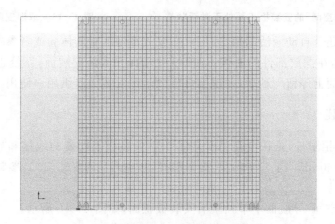

图 4-12　直接激活安装板正面

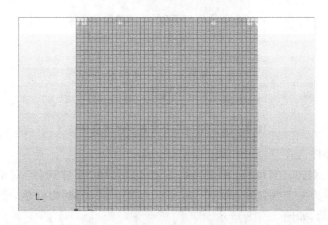

图 4-13　取消选中但仍然处于激活状态的安装板正面

⑥ 安装面可以取消直接激活。在"布局空间"导航器选择"S1：安装板正面"，单击右键弹出快捷菜单，选择"取消直接激活"，如图 4-15 所示，安装板恢复到初始状态。

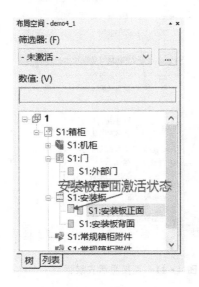 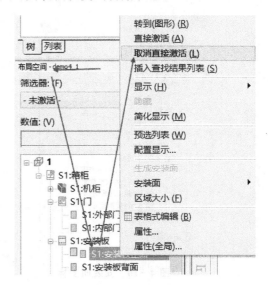

图 4-14 "布局空间"的安装板正面处于激活状态   **图 4-15 取消安装板激活**

另外，安装面还有自动激活的用法，可以在安放部件的时候体验或者参考"帮助"文档加以了解。其用法就是在摆放部件的时候，即使没有选择并激活安装面，系统也会猜想用户的动作，在预估的安装面上停留 1 秒后，系统会自动激活该安装面以供用户使用。

4.2.4 附件安装

本小节所指电柜附件，是在电箱 AE.1050.500 安装板上安装的线槽和导轨。线槽型号为 KK6040，参数为宽 40 mm、高 60 mm；放置标准导轨，型号为 TS 35_7.5，参数为高 7.5 mm、宽 35 mm。

首先在"布局空间"导航器中单独激活安装板正面，如图 4-12 所示。

单击 Pro Panel 工具栏上线槽按钮，如图 4-16 所示。

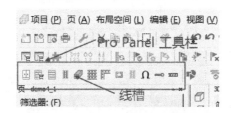

图 4-16 Pro Panel 工具栏和线槽按钮

弹出线槽的"部件选择"对话框，如图 4-17 所示。

单击鼠标选择"KK6040"部件，单击"确定"按钮，关闭"部件选择"对话框，回到"布局空间"。此时光标显示为一个"回"字形的符号，外框为橘黄色，内框为红色，带着一段线槽，鼠标移动会拖着线槽移动，如图 4-18 所示。

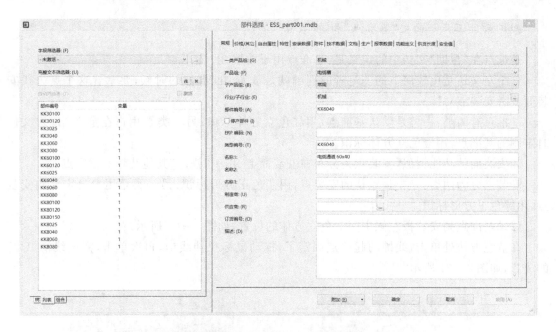

图 4 - 17　线槽"部件选择"对话框

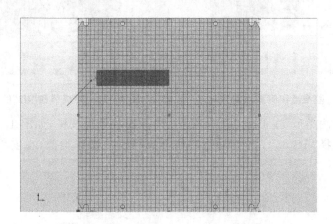

图 4 - 18　插入线槽

调整一下视角可以看到,前文提到的红色方框实际上是一个小的红色立方体,这个小立方体被称为默认基准点,如图 4 - 19 所示。

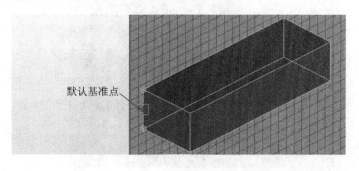

图 4 - 19　默认基准点的红色立方体

知识点 3:三点一面之"基准点"和"安装点"

基准点在"帮助"文档中的定义是:基准点用于放置 3D 宏。

这个定义还是比较简洁的。笔者的理解就是放置 3D 部件的时候,要拿着这个点去找安装面或者安装点对接。

基准点有两类:一类是默认基准点,用红色立方体标识;另一类是用户在定义 3D 宏文件时定制的基准点,用橙色立方体标识。

和安装面的功能类似,安装点是分布在安装面上、用于"锚定"其他装置的设定点。

安装点分为两类:一类是默认的安装点,用蓝色正方形标识;另一类是用户自定义的安装点,用绿色正方形标识。

移动基准点到安装板左侧中间蓝色立方体的位置,如图 4 - 20 所示。

在蓝色方块处单击,线槽的起始点固定了,拖动鼠标拉伸线槽,再次单击,完成线槽"U2"的放置,如图 4 - 21 所示。

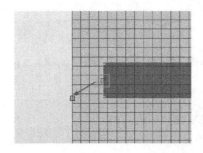 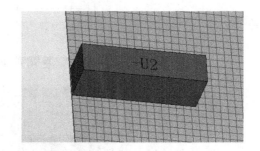

图 4 - 20　基准点和安装点对齐　　　　图 4 - 21　完成线槽"U2"的放置

与放置线槽方法类似,在 Pro Panel 工具栏选择安装导轨按钮,如图 4 - 22 所示,弹出"部件选择"对话框,选择"TS 35_7,5"部件,其他步骤和线槽操作类似,在安装板上放置一段导轨,如图 4 - 23 所示。

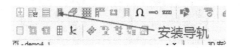

图 4 - 22　安装导轨按钮

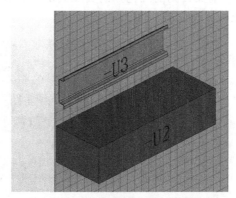

图 4 - 23　放置好的导轨和线槽

4.3 知识点总结

知识点1：查看单独部件或组件

在"布局空间"中，可以隐藏其他组件或部件，单独显示指定的部件或组件。

知识点2：三点一面之"安装面"

① 安装面是需要定义的。一般定义在3D组件表面的平面，作为放置其他部件的支撑面。

② 安装面可以是一个连续的平面或者位于一个2D平面不连续的部分。

③ 安装面是可以被激活的，在激活之后才可以放置其他部件。

④ 组件是否具备安装面，可以通过查看"布局空间"导航器中组件左侧有没有灰色长方形的图标来确定，如果没有，则表明该组件未设置安装面。该图标如图4-10所示。

⑤ 安装面是可以被激活或取消的。EPLAN Pro Panel的"帮助"文档中提到激活和取消激活的方法。

⑥ 安装面可以取消直接激活。

知识点3：三点一面之"基准点"和"安装点"

由以上基准点和安装点的描述，可以汇总对比表格，如表4-1所列。

表4-1 基准点和安装点特性对比

分 类	定 义	符号外形和颜色
安装点	用户自定义	立方体，绿色
默认安装点	系统默认	立方体，蓝色
基准点	用户自定义	立方体，橙色
默认基准点	系统默认	立方体，红色

第5章　安装板部件放置

5.1　内容介绍

本章从平面原理图入手,绘制一个简单的电气回路,并在"布局空间"内,从"3D 安装布局"导航器中选择部件进行 3D 布局设计。

在实践过程中会接触到安装板布局、部件放置等知识点,将在"知识点"环节进行讲解。

5.2　实例操作

5.2.1　绘制简单原理图

复制第 4 章项目保存在"CHP05"文件夹内,命名为"demo5_1"。

绘制简单的电气原理图,内容如下:

① 放置封面和目录。

② 对结构标识进行定义。电气原理为把"AE"箱的结构定义为"+B1"。

③ 在"+B1"建立"10 页",也描述为"断路器保护"。

④ 在根结构创建第一页"封面页"和第二页"目录页"。

以上原理图的绘制步骤,本书不再详细讲述,需要了解的读者,可以参考本书姊妹篇《EPLAN 电气设计实例入门》。

⑤ 在原理图中插入 1 个"SIE.5SX2102-8"部件。

在"页"导航器中双击"10 断路器保护"页进入页面编辑,如图 5-1 所示。

图 5-1　双击"页"导航器编辑页

选择"插入"→"设备"菜单项,如图 5-2 所示,弹出"部件选择"对话框,如图 5-3 所示。

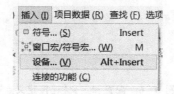

图 5-2　插入设备菜单项

图 5-3　"部件选择"对话框

在"列表"中选择"SIE.5SX2102-8",单击"确定"按钮,关闭"部件选择"对话框,回到页面视图,光标附断路器符号,如图 5-4 所示。

选择放置位置,单击鼠标左键完成部件放置。

⑥ 用相同方法,在原理图中插入 2 个"PXC.3031212"部件。

⑦ 用"角"把"-X1:1"和"-F1:1"连接起来,把"-F1:2"和"-X1:2"对齐位置连接起来,完成结果如图 5-5 所示。

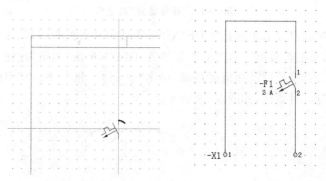

图 5-4　插入断路器部件　　　图 5-5　断路器连接

⑧ 在按钮工具栏"连接"区中单击连接定义点按钮,如图 5 - 6 所示。

图 5 - 6　配置和定义"连接定义点"

光标附连接定义点符号可以在桌面移动,注意此时单击键盘的 Backspace 键进入连接定义点符号设置区,如图 5 - 7 所示。

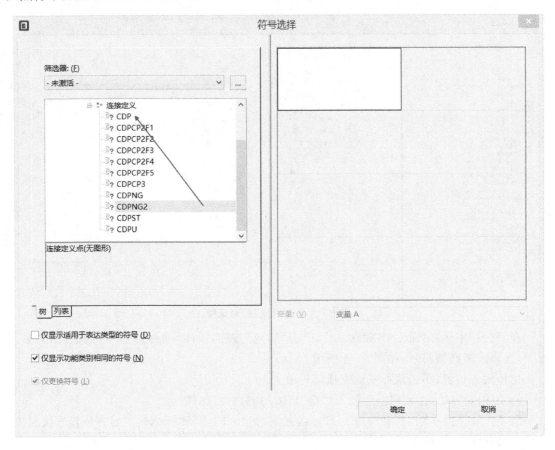

图 5 - 7　"符号选择"对话框

系统默认的连接点符号采用的是"CDPNG2",连接定义点没有图形,无法在原理图中观察连接定义点,所以需要把符号由"CDPNG2"更换为"CDP",单击"确定"按钮。

光标附连接定义点符号可以在桌面移动,单击"-X1:1"和"-F1:1"中间的连接,弹出"属性(元件):连接定义点"对话框,如图 5 - 8 所示。

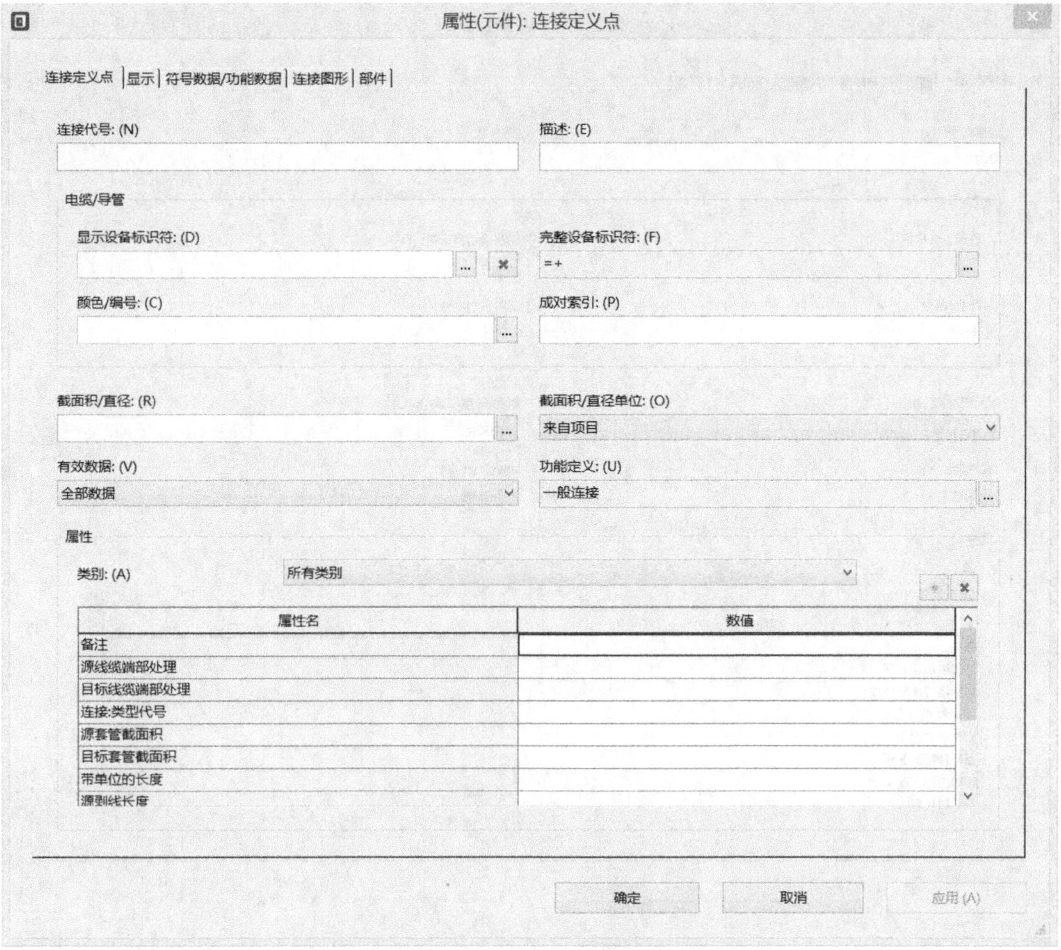

图 5 - 8　"属性(元件)连接定义点"对话框

为本连接命名连接代号为"001"并把"001"文本填写到"连接代号"文本框。

为本连接定义颜色为"蓝色",通过单击"颜色/编号"文本框后"…"按钮选择"BU"蓝色;单击"截面积/直径"文本框后"…"按钮,选择"1"截面积,完成配置后的定义连接参数如图 5 - 9 所示。

单击"确定"按钮,完成连接"001"参数的设定,如图 5 - 10 所示。

用相同方法,把连接"-F1:2"和"-X1:1"命名为"002",导线颜色和线径与"001"相同。（注:有关连接符号设定一次,后续不需要再次设定符号形状。）

完成后的原理图如图 5 - 11 所示。

完成的结果可以参考"demo5_1"项目。

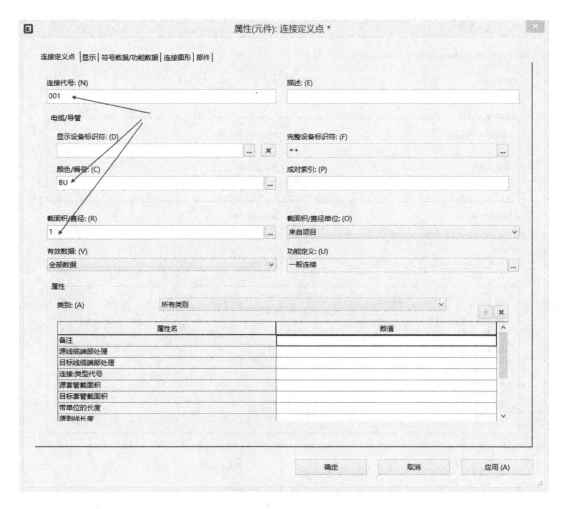

图 5 - 9　定义连接参数

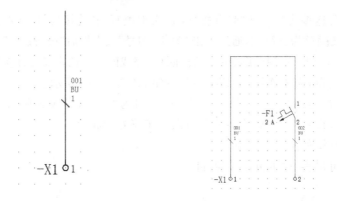

图 5 - 10　连接"001"参数显示　　　图 5 - 11　断路器完成图

5.2.2　3D 安装布局内容

在"3D 安装布局"导航器中可见"＋B"的结构标识,展开可以看到按字母分类 F 系列部件和 X 系列部件。在原理图设计中使用的部件"SIE.5SX2102-8"出现在 F 中,"PXC.3031212"出现在 X 中,因为它们分别是使用 F 和 X 作为自己的标识字母的。"3D 安装布局"中的部件情况如图 5－12 所示。

图 5－12　"3D 安装布局"导航器部件

5.2.3　放置附件

在"布局空间"导航器中选择安装板正面后,单击右键,在弹出的快捷菜单中选择"直接激活",选择安装板上放置的"－U2"线槽和"－U3"导轨,按键盘 Delete 键删除。

在重新放置过程中讲解部件放置的一些基本方法和技巧。

知识点 1:切换基准点

选择 Pro Panel 工具栏上线槽按钮,在弹出的对话框中选择"KK6040"线槽,单击"确定"按钮,进入线槽的布放。

在拖动按钮的时候,可以发现光标后附着一个线槽模型,切换视角为"西南"等轴视图,可以细致地观察到鼠标拖拽点在线槽模型左侧居中的位置是一个红色立方体,其上下两个角为可以切换的基准点,以灰色立方体显示。三个不同的基准点如图 5－13 所示。

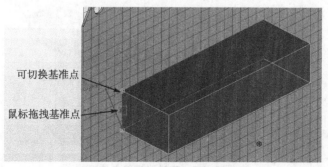

图 5－13　鼠标拖拽线槽基准点

知识点 2:对象捕捉

在光标附 3D 模型的时候,可以通过敲击键盘 A 键切换当前拖拽 3D 模型可以使用的基准点。当前插入的线槽由于长度未定,所有可以选择的基准点只有前文提到的三个点。

敲击键盘 A 键,把光标拖拽点切换到线槽左上的基准点,移动光标并接近安装板左上角蓝色的安装点,如图 5 - 14 所示。

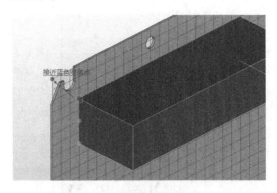

图 5 - 14　线槽基准点移动

当拖拽基准点光标捕捉到安装板左上角安装点后,光标红色立方体外框由单层正方形变为双层正方形。如图 5 - 15 所示为捕捉到安装点符号变化。

单击鼠标左键确定线槽起始点位置。如图 5 - 16 所示为移动鼠标设定线槽终止点。

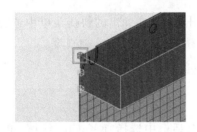

图 5 - 15　捕捉到安装点符号变化

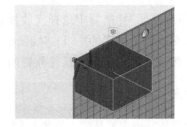

图 5 - 16　移动鼠标设定线槽终止点

移动光标到安装板右上方,捕捉右上方安装板的安装点,单击鼠标左键。如图 5 - 17 所示为完成线槽终点捕捉。

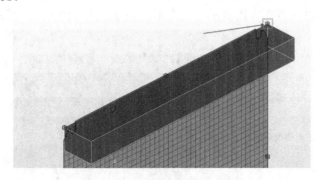

图 5 - 17　完成线槽终点捕捉

单击鼠标左键完成整个线槽的放置,调整视图为"3D 视角:前"。如图 5 - 18 所示为完成线槽"－U2"放置。

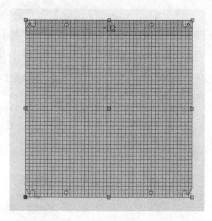

图 5 - 18　完成线槽"－U2"放置

用相同的方法在安装板下方放置"－U3",完成结果如图 5 - 19 所示。

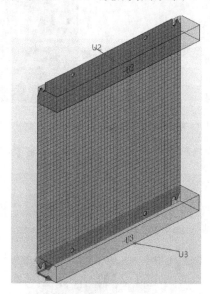

图 5 - 19　完成"－U3"线槽放置

在"－U2"和"－U3"之间,在安装板左侧竖直(Z 方向)放置线槽时稍有不同。在水平线槽的左下角捕捉安装点(虽然 2 个 3D 空间冲突,但也不要管)。如图 5 - 20 所示为竖放线槽第一个捕捉点。

单击鼠标左键放置线槽第一点后,向下移动光标,线槽变为竖直方向。如图 5 - 21 所示为调整"－U4"放置方向。

敲击键盘 A 按键,切换基准点,以上方"－U2"左下角安装点为坐标切换竖放线槽的基准点。如图 5 - 22 所示为调整竖放线槽基准点。

与"－U2"类似,完成竖放线槽终止点捕捉和放置。

用类似的方法放置线槽"－U5"、"－U6"。如图 5 - 23 所示为完成 5 个线槽的放置。

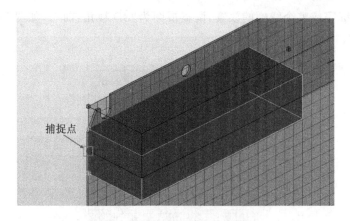

图 5-20   竖放线槽第一个捕捉点

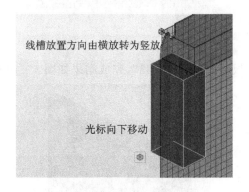

图 5-21   调整"-U4"放置方向

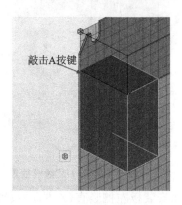

图 5-22   调整竖放线槽基准点

知识点 3:居中放置方法

在"-U2"和"-U6"正中间、"-U6"和"-U3"正中间放置两根 35 mm 导轨。

EPLAN Pro Panel 比较容易捕捉安装点,但是在预期的位置没有安装点,在只有安装面的情况下期望居中放置,有如下两种方法。

方法一:Ctrl 键方法

用与选择线槽类似的方法,选择"安装导轨"按钮放置导轨,导轨部件选择"TS 35_7,5",

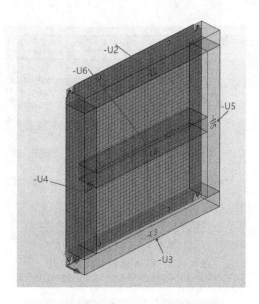

图 5 - 23 完成 5 个线槽的放置

光标附导轨 3D 图形出现在布局空间上。如图 5 - 24 所示为放置水平导轨。

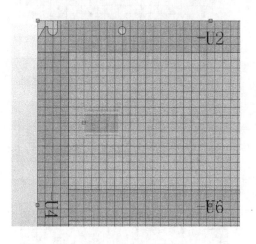

图 5 - 24 放置水平导轨

按住 Ctrl 键,用鼠标选取期望居中的范围;在保持 Ctrl 键的同时,左击"－U2"的下沿和"－U4"右沿交汇点,我们称为 A 点;再单击"－U6"上沿和"－U4"右沿交汇点,我们称为 B 点。如图 5 - 25 所示为取 A 点和 B 点的中点。

选择结束后,光标自动定位到 A 点和 B 点的中点,作为安放导轨的中点。如图 5 - 26 所示为得到 A 点和 B 点的中点。

与放置线槽类似,完成"－U7"导轨的放置。

方法二:导入长度法

采用 EPLAN Pro Panel 放置"－U8"的另外一种方法,即导入长度居中放置方法。

在鼠标拖拽导轨的情况下,右击任意位置弹出快捷键菜单,选择"导入长度",如图 5 - 27 所示。(注意,必须是光标附带导轨或者线槽时才能激活导入长度菜单项。)

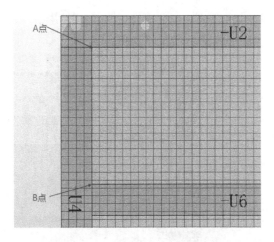

图 5 - 25　取 A 点和 B 点的中点

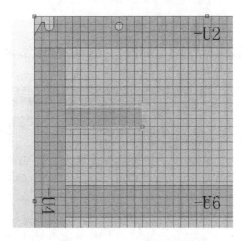

图 5 - 26　得到 A 点和 B 点的中点

图 5 - 27　选择"导入长度"菜单项

选择"导入长度"菜单项后,关闭快捷菜单进入布局空间。用鼠标左键选择期望导轨使用相同长度的部件"－U6",此时"－U6"为高亮,表示"－U6"作为一个长度的标准,而且作为居中放置的一个边界,等待用户选择另外一个边界。如图 5－28 所示为导入长度后的导轨。

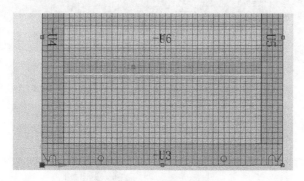

图 5－28　导入长度后的导轨

再次右击弹出快捷菜单,选择"放置在中间"菜单项,如图 5－29 所示。

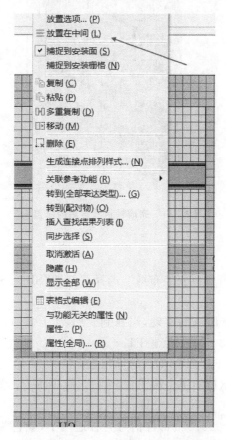

图 5－29　选择"放置在中间"菜单项

右键菜单关闭,用鼠标左键选择与"－U6"对应的"－U3",完成"－U8"的居中放置。如图 5－30 所示为完成导入长度后居中放置。

完成辅料放置后的总览图如图 5－31 所示。

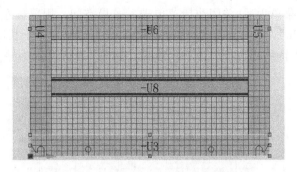

图 5 - 30　完成导入长度后居中放置

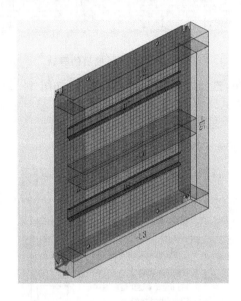

图 5 - 31　完成辅料放置后的总览图

5.2.4　放置部件

选择"3D 视角:前",打开"3D 安装布局",选择并拖拽"SIE.5SX2102-8"部件到布局空间,如图 5 - 32 所示。

光标附单级断路器在布局空间移动,当遇到到"U7"上方时,导轨"U7"程序呈高亮的绿色,表示被激活。如图 5 - 33 所示为放置 F1。

单击鼠标左键,放置"－F1"到"－U7"的导轨上。

用类似的方法放置"－X1"的两个端子到"－U8"的导轨上。如图 5 - 34 所示为完成部件放置后的安装板。

(注:Phoenix 的端子 3031212 的部件信息为普通端子,颜色为灰色,EPLAN 部件库链接的 3D 宏的颜色为绿色,貌似 3D 宏文件引用错了。但总的来说不影响我们学习知识。)

完成的文件保存在"demo5_3"中,读者可以参考。

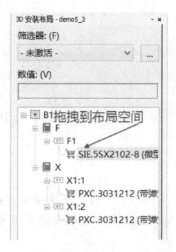

图 5 - 32　拖拽单击断路器到布局空间

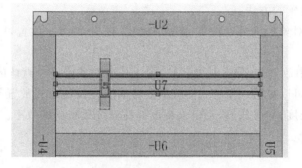

图 5 - 33　放置 F1

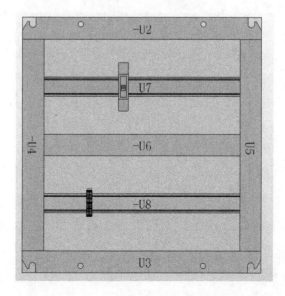

图 5 - 34　完成部件放置后的安装板

5.3　知识点总结

知识点 1：切换基准点

在放置部件的时候，可以通过敲击键盘上的 A 键在可选的基准点间切换，确定部件放置位置。

知识点 2：对象捕捉

放置线槽时要通过"选项"→"对象捕捉"打开对象捕捉，这样可以避免出现两根线槽看似贴在一起，但是没有实际接触上，无法自动生成布线路径的现象，否则将导致后期布线不能成功。

知识点 3：居中放置方法

共有两种居中放置的方法：

① "Ctrl"方法：对象实例可以在 Y 轴居中放置、在 X 轴居中放置，以及 X 轴和 Y 轴同时居中放置。

② 导入长度居中放置法：导入长度后，以导入长度对象为一个默认的基准边界。

导入长度后，也可以灵活用于通过多安装点或者其他捕捉方式放置部件。

熟练使用导入长度、居中放置，可以大幅度提高安装板布局的效率。

第6章　制造数据

6.1　内容介绍

　　EPLAN 的核心理念是把设计分成两个部分:第一部分是正确的设计(包括部件设计、原理图设计、3D 布局等);第二部分是基于正确设计的信息展示(图表、报表)。

　　第 2 章到第 5 章 4 个章节完成了一个简单系统的原理图设计和 3D 部件设计,本章讲述如何利用完成的设计实现报表、图表的生成。基于 EPLAN 的制造数据是通过这些报表或者图表进行展示的。

　　在实践过程中会接触到箱柜模型视图、板箱加工数据、导线制备等知识点,将在"知识点"环节进行讲解。

6.2　实例操作

6.2.1　东南等轴箱柜视图

　　项目以"demo6_2"开始,在"+B1"结构内新建第 20 页,作为箱柜整体视图。

　　知识点 1:视图展示

　　对箱柜视图的展示,其基本原理是新建模型视图页,在该页面插入对应设备的模型视图,通过配置模型视图的显示参数,给用户展示对应的图形或者数据信息。

　　在页导航器中,右击"+B1",弹出快捷菜单,选择"新建"菜单项,弹出"新建页"对话框,如图 6-1 所示。

图 6-1　"新建页"对话框

在"新建页"对话框中,在"完整页名"文本框中填写"+B1/20"作为操作视图显示页。在"页类型"下拉选项栏选择"模型视图(交互式)",在"页描述"文本框填写"AE 箱视图",完成后如图 6-2 所示。

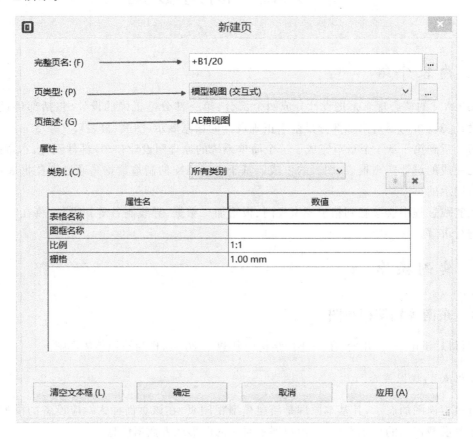

图 6-2 完成"新建页"信息设置

单击"确定"按钮,完成"新建页"的创建,关闭"新建页"对话框返回设计页面,"页导航器"中出现新建的"+B1/20"页,如图 6-3 所示。

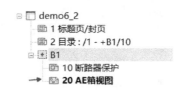

图 6-3 新建视图页

选择"插入"→"图形"→"模型视图"菜单项,如图 6-4 所示。

在页面显示光标附文本框。如图 6-5 所示为选择模型视图的第一个角。

在页面左上角位置单击完成模型视图第一点选择,在信息提示插入第二角的时候在图纸右下角单击,弹出"模型视图"对话框,如图 6-6 所示。

单击"确定"按钮,"模型视图"对话框关闭,页面出现箱柜的"东南等轴"视图,如图 6-7 所示。恭喜您完成了第一张基于 3D 信息的模型视图。

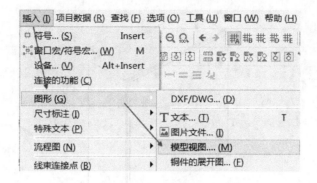

图 6 - 4 插入模型视图菜单

图 6 - 5 选择模型视图的第一个角

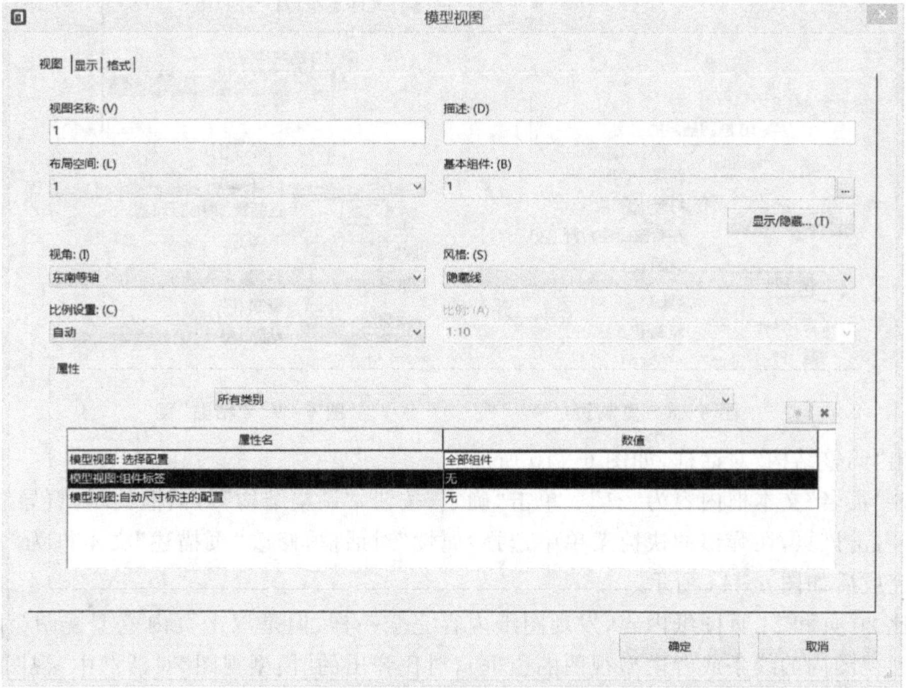

图 6 - 6 "模型视图"对话框

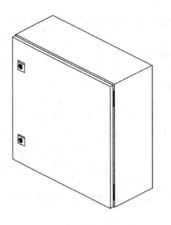

图 6 - 7　"东南等轴"箱柜视图

6.2.2　箱柜多视图

在"+B1"结构内新建 21 页,作为箱柜多视角视图。

在"页导航器"内右击"20 AE 箱视图",弹出快捷菜单,选择"复制",如图 6 - 8 所示。

在"页导航器"空白处右击,弹出快捷菜单,选择"粘贴",如图 6 - 9 所示。

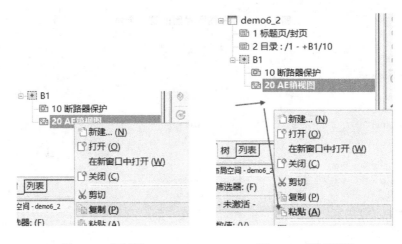

图 6 - 8　复制页　　　　　　　　图 6 - 9　"粘贴"页

弹出"调整结构"对话框,如图 6 - 10 所示。

修改"页名"文本框内容为"21"。单击"确定"按钮,"调整结构"对话框关闭,页导航器出现"21"页,右击该页,在弹出的快捷菜单中选择"属性"对话框,修改"页描述"文本框为"AE 箱多视图",完成后如图 6 - 11 所示。

对比 20 页和 21 页图纸内容,发现图纸内容完全一样,但是双击页内模型视图(注意要双击到模型视图内的线条或者模型视图的边框),对比弹出的"模型视图"对话框中"视图名称"文本框内容可以看到,20 页的视图名称是"1",而 21 页使用的名称是"2"。

在 21 页中调整视图的外形尺寸为 180 mm 和 120 mm。

双击 21 页模型视图"2",弹出"模型视图"对话框,选择"格式"标签,设置宽度为 180 mm,高度为 120 mm,如图 6 - 12 所示。

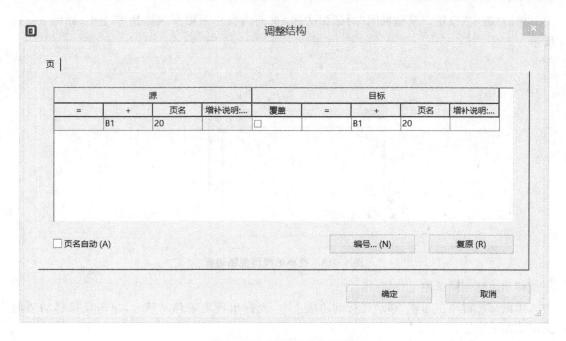

图 6 - 10 "调整结构"对话框

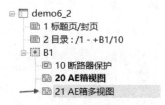

图 6 - 11 增加"AE 箱多视图"页

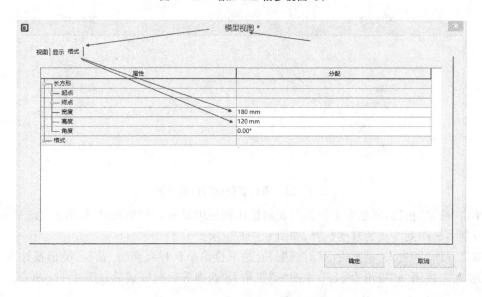

图 6 - 12 视图宽度与高度调整

单击"确定"按钮,"模型视图"对话框关闭,页面内容显示模型视图边框变小,如图 6-13
所示。

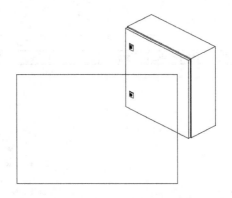

图 6-13　变小的模型视图边框

移动边框到图纸左上位置。

用鼠标左键单击边框,移动光标到边框上方,光标出现附带移动符号,单击鼠标移动边框
到图纸左上位置。

双击"模型视图"边框,弹出"模型视图"对话框,修改"比例设置"下拉框为"适应"。如图 6-14
所示为调整模型视图比例设置。

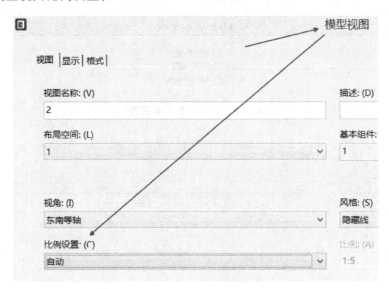

图 6-14　调整模型视图比例设置

单击"确定"按钮,图纸左上位置出现调整比例居中显示的模型视图,如图 6-15 所示。

复制本视图到本页的其他位置,如图 6-16 所示。

双击视图"2"进入"模型视图"对话框,通过下拉菜单选择视角为"前"。类似操作视图"3"
视角为"左",视图"4"视角为"上",视图"5"视角为"西南等轴",完成后如图 6-17 所示。

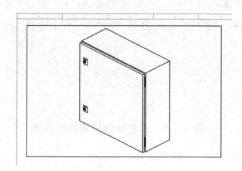

图 6-15 调整比例的模型视图

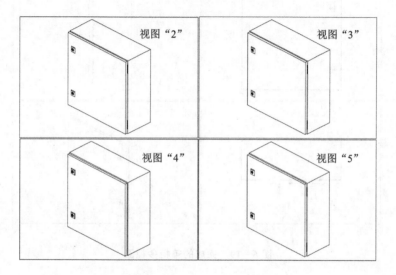

图 6-16 单页 4 个视图

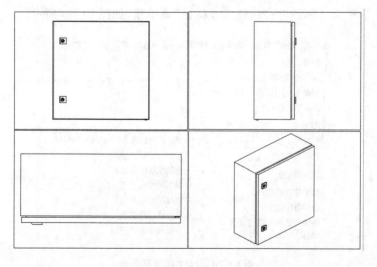

图 6-17 选择视角后的视图

视图"4"因为显示比例是选择"适应",系统调整为"1∶3",而其他视图为"1∶5",双击视图边框进入"模型视图"对话框,选择"比例设置"为"手动",选择"比例"为"1∶5",如图 6 - 18 所示。

图 6 - 18　调整比例设置和比例值

完成页面如图 6 - 19 所示。

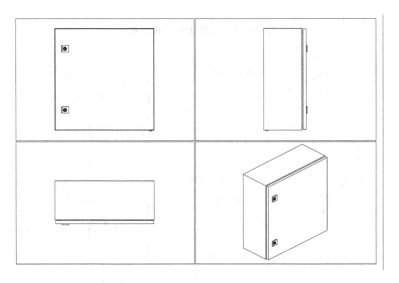

图 6 - 19　完成的箱柜多视图

知识点 2:尺寸标注

选择"插入"→"尺寸标注"→"线性尺寸标注"菜单项,如图 6 - 20 所示。

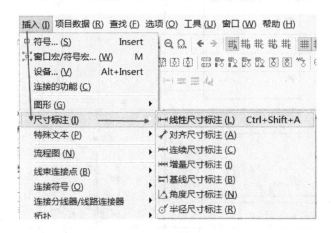

图 6 - 20　尺寸标注菜单栏

在页面鼠标拖拽信息提示文本,选择视图"2"箱柜左上角和右上角作为箱柜宽度设定点。

如图 6 - 21 所示为尺寸标注起点、终点设置。

图 6 - 21　尺寸标注起点、终点设置

完成标注后如图 6 - 22 所示。

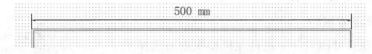

图 6 - 22　完成 AE 箱宽度标注

用同样的方法完成 AE 箱高度尺寸标注。完成后标注如图 6 - 23 所示。

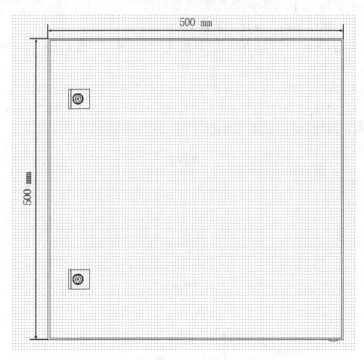

图 6 - 23　AE 箱宽度和高度尺寸标注

在视图名称"3"完成 AE 箱深度的尺寸标注,如图 6 - 24 所示。

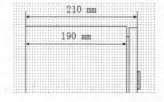

图 6 - 24　AE 箱深度尺寸标注

完成项目保存为"demo6_2"。

6.2.3 安装板视图

电柜制造中对安装板需要落实以下信息：

① 安装板的尺寸信息以及部件在安装板上是如何布置的,应对箱柜的组件有一个基本的了解；

② 基于部件的放置位置,需要掌握在安装板上进行机械加工的技术数据,如线槽导轨的开孔图,变压器或者伺服驱动器主板上的钻孔图等。

建立 AE 箱安装板尺寸图。

1. 选择显示基本组件

AE 箱安装板尺寸图实际上就是在模型视图上选择用户指定对象的显示方式。如果希望展示箱体信息,就在"基本组件"下拉文本框中选择箱体；如果希望显示安装板的信息,就在"基本组件"下拉文本框中选择"安装板"。

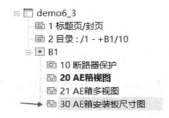

图 6-25　新建安装板尺寸图

按 6.2.2 小节中制作箱柜多视图的方法,复制第 20 页图纸,粘贴为 30 页,在属性对话框中修改"页描述"为"AE 箱安装板尺寸图",如图 6-25 所示。

第 30 页视图名称被系统默认命名为视图"6"。双击视图进入"模型视图"对话框,如图 6-26 所示。

在"视图"标签,选择"基本组件"下的"…"按钮,弹出"3D 对象选择"对话框,逐层展开空间"1",选中"安装板正面"的安装面对象,如图 6-26 所示。

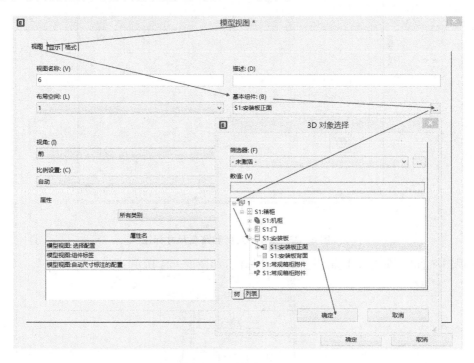

图 6-26　选择视图显示的基本组件

单击"确定"按钮返回到 30 页面,页面出现了安装板以及安装板线槽导轨的前视图,如图6-27 所示。

调整视图"6"位置到图纸 30 页的左侧,并通过"比例设置"调整安装板在视图中的位置和比例(1∶3),如图 6-28 所示。

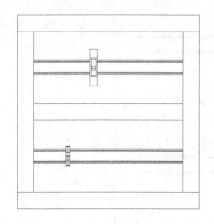

图 6-27　安装板前视图

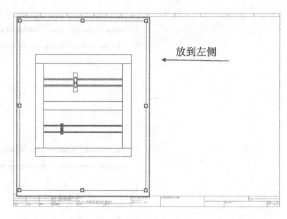

图 6-28　调整安装板视图比例和位置

2. 对安装板尺寸自动标注

标注模型视图"6"时,可以按前文方式对指定的点进行标注,EPLAN 为了方便用户,提供了自动标注的功能。

双击模型视图"6",进入"模型视图"对话框,选择"视图"标签,在"属性名"栏的"模型视图:自动尺寸标注的配置"的"数值"框内选择"电气工程",如图 6-29 所示。

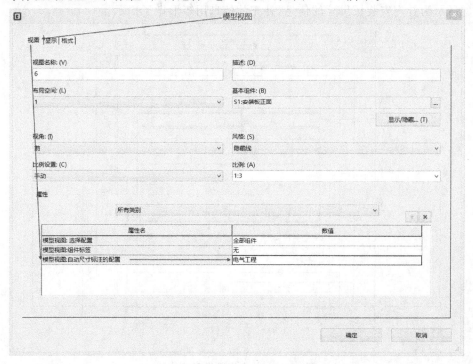

图 6-29　自动尺寸标注设置

单击"确定"按钮，"模型视图"对话框关闭，回到 30 页，系统自动为安装板上的线槽导轨的关键数据进行了标注，如图 6 - 30 所示。

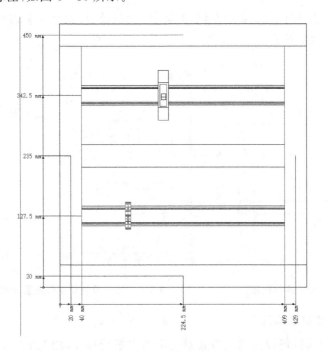

图 6 - 30　自动标注安装板尺寸

尺寸图虽然包含了大部分的尺寸数据，但我们发现仍有一些缺少的数据，如缺少整个安装板的宽度和高度，部件在导轨上卡放的位置也没有提供，因此需要手工添加部分关键的参数。如图 6 - 31 所示为补充安装板尺寸的信息，补充的信息用矩形做了提示。

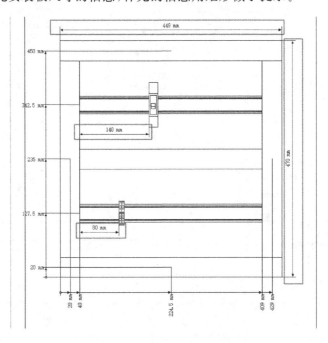

图 6 - 31　补充安装板尺寸信息

复制模型视图"6"到同页右侧,自动命名为"7"的模型视图与"6"并排放置。

修改"7"的视角为"西南等轴",确认删除尺寸标注,完成后如图6-32所示,用于帮助用户理解安装板和部件的相互位置。

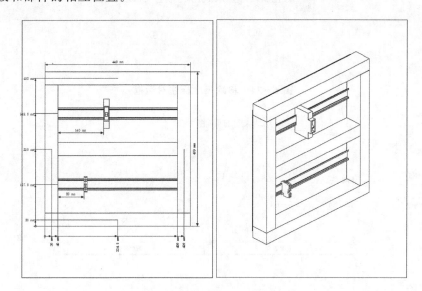

图6-32 补充"西南等轴"视图的安装板尺寸图

知识点3:部件名称标识、箱柜设备清单

1. 已安装部件名称标识

模型视图除了可以对尺寸进行标注外,还可以对部件的名称进行标注,为部件往安装板安装做技术指导。

复制第30页,粘贴后命名为31页,31页"页描述"修改为"安装板部件名称标识",如图6-33所示。

删除31页右侧模型视图,左侧模型视图系统命名为"8"。

在"帮助"文档中找不到移除已经在模型视图中标注的尺寸的方法,尝试可以使用的方法是改变图形视图,系统会提问是否删除尺寸标注,这样可以实现移除全部当前模型视图的尺寸标注。

双击进入模型空间"8"的模型视图对话框,在属性的"模型视图:自动尺寸标注的位置"将"电气工程"修改为"无"。切换视角文本框由"前"改为"西南等轴"。单击"确定"按钮,弹出"编辑图形对象的属性"消息框,如图6-34所示。

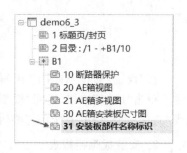

图6-33 新建标识页

回到视图页面后所有尺寸标注消失,再次进入"模型视图",切换视角文本框为"前",同时修改模型视图中的属性"模型视图:组件标签"文本框,单击文本框后"…"按钮,弹出"设置:标签"对话框。如图6-35所示为修改组件标签属性。

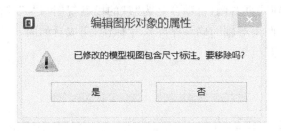

图 6 - 34   移除尺寸标注对话框

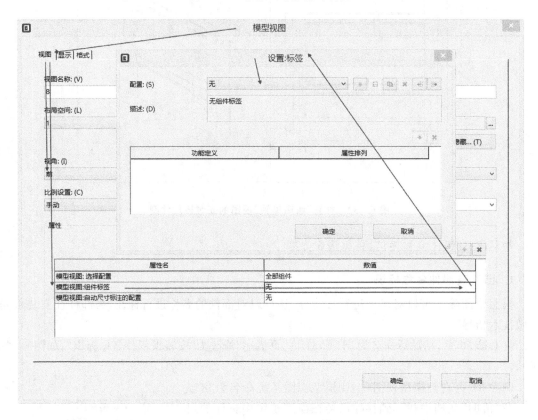

图 6 - 35   修改组件标签属性

在"设置:标签"对话框"配置"下拉框中选择"默认",如图 6 - 36 所示。

单击"确定"按钮,返回"模型视图"对话框,修改"风格"下拉文本框,由"隐藏线"改为"隐藏线/简化显示"。单击"确定"按钮,回到模型视图"8",完成结构如图 6 - 37 所示。

2. 安装板箱柜报表

除了在安装板布局图中标识部件设备标识符外,还可以通过修改设置标签的显示配置来显示更多的信息。在此不对该功能作详细介绍,而重点介绍一下在布局图侧面放置箱柜的列表,以供生产人员查看设备的参数。

首先对插入表格进行格式的设置。如图 6 - 38 所示为生产报表对话框。

选择"工具"→"报表"→"生成",弹出"报表"对话框,如图 6 - 39 所示。

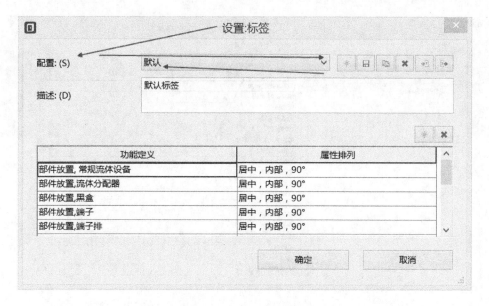

图 6-36　"默认标签"设置

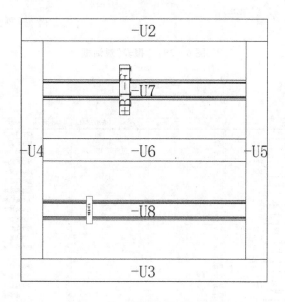

图 6-37　已安装部件名称标识

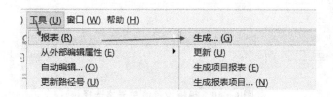

图 6-38　生产报表对话框

　　单击"设置"按钮,弹出"设置"菜单栏,选择"输出为页",弹出"设置:输出为页"对话框,选择"箱柜设备清单"。如图 6-40 所示为箱柜设备清单表格选择。

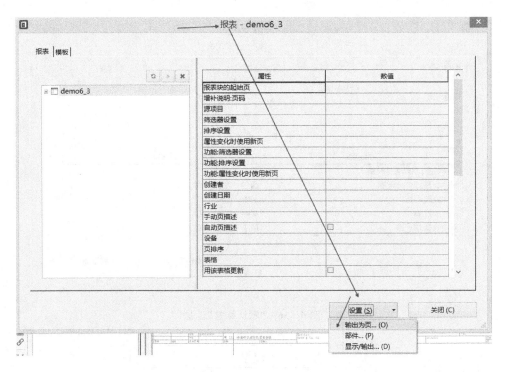

图 6-39　"报表"对话框

设置:输出为页

行	报表类型	表格	页排序	部分输出	合并	报表行的最…	子页面	字符	留空的页
1	部件列表	F01_001	总计				☑	按字母顺序…	0
2	部件汇总表	F02_001	总计				☑	按字母顺序…	0
3	设备列表	F03_001	总计				☑	按字母顺序…	0
4	表格文档	F04_001	总计				☑	按字母顺序…	0
5	目录	F06_001	总计				☑	按字母顺序…	0
6	电缆连接图	F07_001	总计		☐	1	☑	按字母顺序…	0
7	电缆布线图		总计				☑	按字母顺序…	0
8	电缆图表	F09_001	总计		☐	1	☑	按字母顺序…	0
9	端子连接图	F11_001	总计		☐	1	☑	按字母顺序…	0
10	端子排列图	F12_001	总计		☐	1	☑	按字母顺序…	0
11	端子图表	F13_001	总计		☐	1	☑	按字母顺序…	0
12	图框文档	F15_001	总计				☑	按字母顺序…	0
13	修订总览	F17_001	总计				☑	按字母顺序…	0
14	箱柜设备清单	F18_002	总计		☐	1	☑	按字母顺序…	0
15	PLC 图表	F19_001	总计				☑	按字母顺序…	0
16	PLC卡总览	F20_001	总计				☑	按字母顺序…	0
17	插头连接图	F21_001	总计		☐	1	☑	按字母顺序…	0
18	插头图表	F22_001	总计		☐	1	☑	按字母顺序…	0
19	结构标识符总览	F24_001	总计				☑	按字母顺序…	0
20	符号总览	F25_001	总计		☐	1	☑	按字母顺序…	0
21	标题页/封页	F26_001	总计				☑	按字母顺序…	0
22	连接列表	F27_001	总计				☑	按字母顺序…	0
23	占位符对象总览	F30_001	总计				☐	按字母顺序…	0
24	项目选项总览	F29_001	总计				☐	按字母顺序…	0
25	制造商/供应商列表	F31_001	总计				☐	按字母顺序…	0
26	装箱单		总计		☐	1	☐	按字母顺序…	0
27	PCT 回路图例	F33_001	总计				☐	按字母顺序…	0

图 6-40　箱柜设备清单表格选择

单击"确定"按钮回到"报表"对话框,单击"报表"标签页中的"＊"新建按钮,如图 6-41 所示。

弹出"确定报表"对话框,在"输出形式"处选择"手工放置"。这一操作是重点,不要忘记。

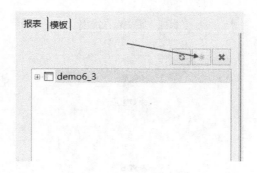

图6-41 新建报表按钮

选择"箱柜设备清单"后再单击"确定"按钮,完成确定报表工作,退出"确定报表"对话框。如图6-42所示为"确定报表"设置。

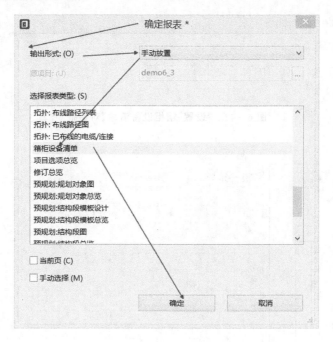

图6-42 "确定报表"设置

弹出"设置-箱柜设备清单"对话框,如图6-43所示。

单击"确定"按钮,"设置"菜单关闭,回到图纸页,光标附箱柜设备清单表格移动,如图6-44所示。

放置完成的箱柜设备清单。如图6-45所示为安装板部件与箱柜设备清单对照。

3. 安装板加工尺寸图

安装板线槽和导轨开孔图纸,也可以导出到CAD和PDF文件中供机械加工制作。

"钻孔样板"就是EPLAN Pro Panel提供其中一种PDF输出的文件方式。

选择"工具"→"报表"→"机械加工"→"钻孔样板"菜单项,如图6-46所示。

弹出"导出钻孔样板"对话框,如图6-47所示。

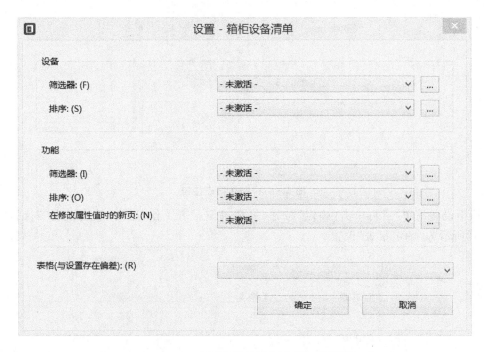

图 6-43 "设置-箱柜设备清单"对话框

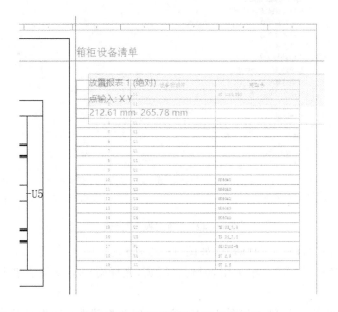

图 6-44 光标附箱柜设备清单表格

默认文件保存在主数据的"Export"文件夹内,用户也可以在这个位置指定输出目录。

单击"确定"按钮,弹出"钻孔样板导出"消息框,如图 6-48 所示。

消息框提示导出文件为"1",共有 32 个精确导出切口,单击"确定"按钮,可以在文件管理器中查看,出现了名称为"1"的 PDF 文件,如图 6-49 所示。

打开"1.PDF"文件,可以看到安装板开孔图如图 6-50 所示。

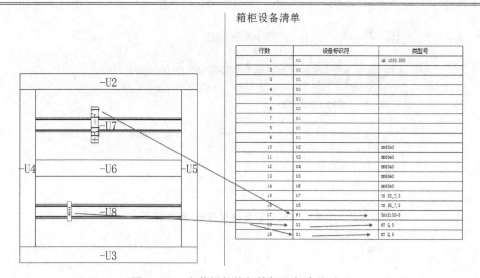

图 6－45　安装板部件与箱柜设备清单对照

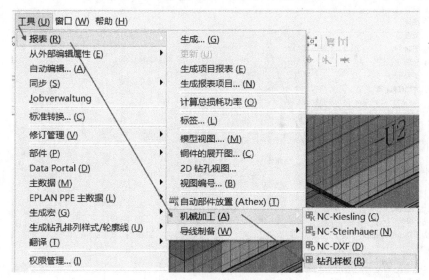

图 6－46　钻孔样板菜单栏

图 6－47　"导出钻孔样板"对话框

图 6-48 "钻孔样板导出"消息框

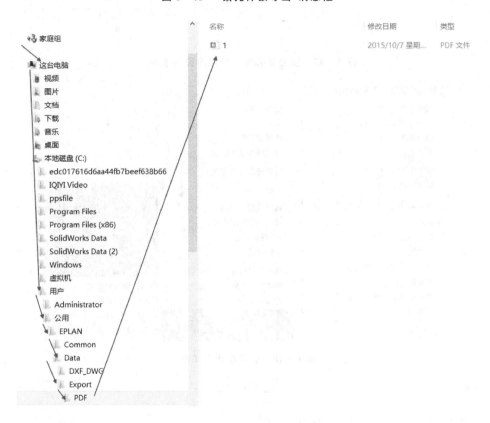

图 6-49 导出钻孔样板 PDF 文件

细节部分放大到可以看到相关位置机械尺寸的加工信息,如图 6-51 所示。

用类似的方法,还可以导出用于加工的 DXF 文件,如图 6-52 所示,用户可以对此文件进行后续的编辑交流。

到此为止完成了与制造有关的安装板的技术图纸的输出。完成项目保存为"demo6_3"供读者参考。

前文提到的 1. PDF 和 1. DXF 文件到保存到"CHP06"文件夹内。

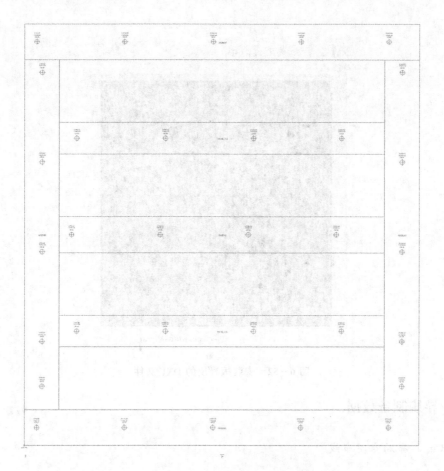

图 6-50　安装板开孔图

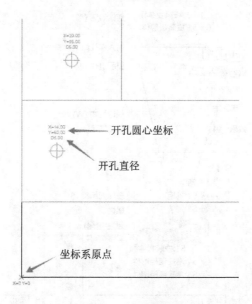

图 6-51　加工信息

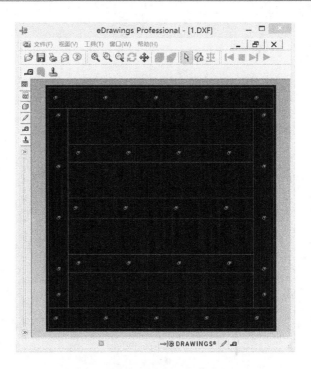

图 6 - 52　安装板导出的 DXF 文件

6.2.4　导线制备数据

知识点 4：布局空间布线

回到布局空间导航器，右击"S1：安装板正面"，如图 6 - 53 所示。

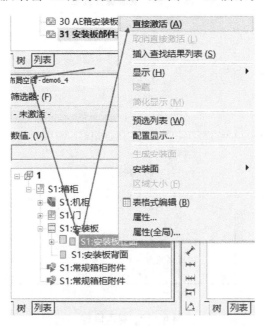

图 6 - 53　激活安装板正面

激活后在"布局空间"内显示安装板及部件高亮的选择状态(注意,在布线前一定要选择需要布线的部件),选择"项目数据"→"连接"→"布线(布局空间)"菜单项,如图 6-54 所示。

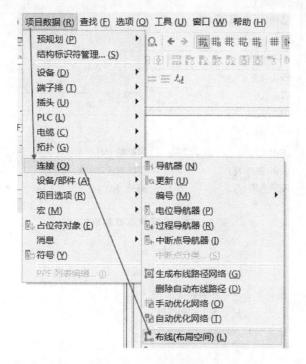

图 6-54　选择布线命令

完成后返回视图空间,布线结果如图 6-55 和图 6-56 所示。

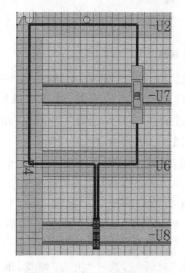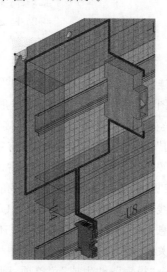

图 6-55　布线完成前视图　　　　　图 6-56　布线完成"西南等轴"视图

EPLAN 提供了不同阶段针对不同设计内容的汇总工具,其中"连接导航器"就是针对连接设计的高效工具。选择"项目数据"→"连接"→"导航器"菜单项,如图 6-57 所示。

在编辑界面显示"连接"导航器,如图 6-58 所示,注意"筛选器"设置是"3D 安装布局"

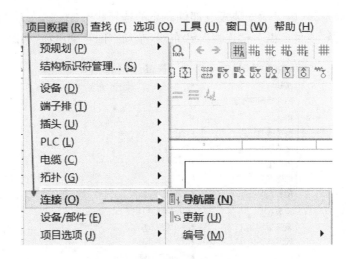

图 6 - 57　连接导航器菜单栏

设置。

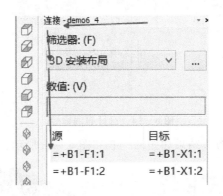

图 6 - 58　"连接"导航器

双击第一条连接"－F1：1－→－X1：1"，弹出"属性(元件)：连接"对话框,在"连接"标签可以看到在原理图中设定的各个参数,尤其是 3D 布线技术参数的出现,如:"带单位的长度"为0.75 m;"布局空间:布线途径"是指该连接导线经过的线槽为"－U2"、"－U4"和"－U6";对"源的布线方向"和"目标的布线方向"也有定义,如图 6 - 59 所示。

单击"取消"按钮,关闭"属性"对话框,右击该连接,在弹出的菜单选项"转到图形"右侧 3D空间中激活"安装板"的"前"视图,该连接高亮显示在安装板 3D 布局中,可以看到导线确实如前文描述经过了线槽"－U2"、"－U4"和"－U6",如图 6 - 60 所示。

布线相关信息不但需要在项目中查看,还需要在图纸上以 PDF 或者纸面的形式进行发布。所以要把相关制线的信息编制到报表中。

选择"工具"→"报表"→"生成"菜单项,弹出"报表"对话框,选择"报表"标签,单击" * "新建按钮,弹出"确定报表"对话框,选择"连接列表",如图 6 - 61 所示。

单击"确定"按钮,弹出"设置-连接列表"对话框,如图 6 - 62 所示。

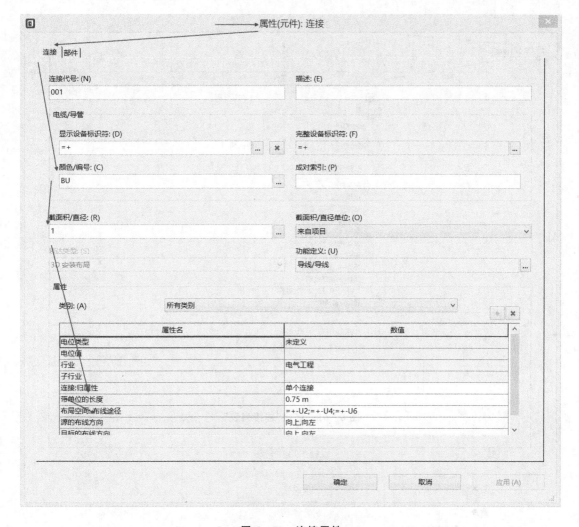

图 6 - 59　连接属性

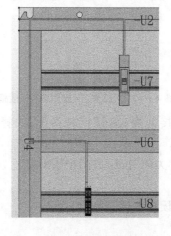

图 6 - 60　连接的图形显示

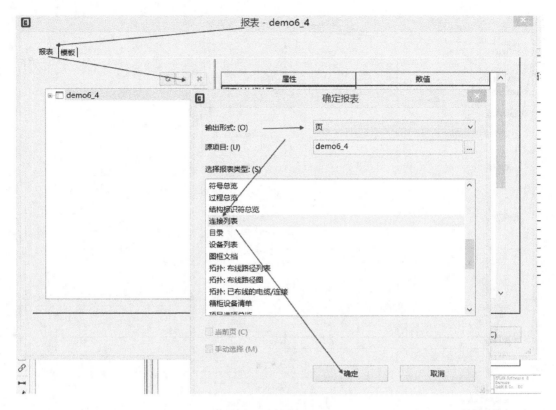

图 6 – 61　选择"连接列表"

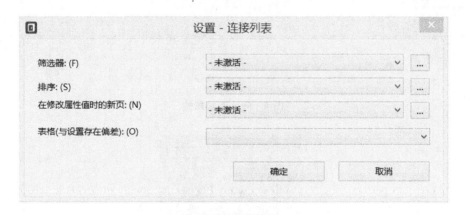

图 6 – 62　"设置–连接列表"对话框

　　单击"确定"按钮,弹出"连接列表(总计)"对话框,选择"位置代号"为"B1","页名"为"32",如图 6 – 63 所示。

　　单击"确定"按钮,继续单击"关闭"按钮关闭报表对话框,在"页导航器"双击"32"页,导出"连接列表",如图 6 – 64 所示。

　　项目另存为"CHP06",便于读者测试查询。

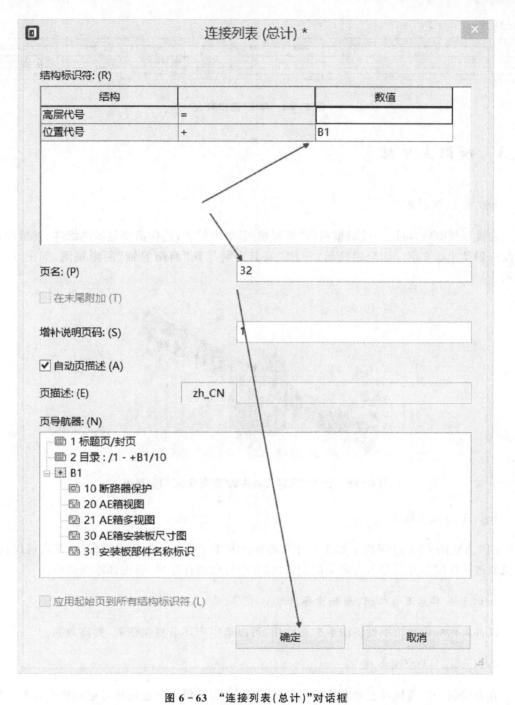

图 6 - 63　"连接列表(总计)"对话框

连接列表

连接	源	目标	截面积	颜色	长度	页/列 1	页/列 2	功能定义
002	-F1:2	-Q1:2	1	BU	0.325 m	/10.1	/10.1	导线/导线
001	-F1:1	-X1:1	1	BU	0.75 m	/10.1	/10.1	导线/导线

图 6-64　导出"连接列表"

6.3　知识点总结

知识点 1：视图展示

在模型视图中，可以通过调整当前"模型视图"框内配置，选择需要显示的组件、视角、细节以及标识尺寸和文字。如配置显示"－F1"及其安装导轨"西南等轴"阴影视图，如图 6-65 所示。

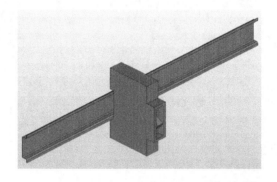

图 6-65　"－F1"及其安装导轨"西南等轴"阴影视图

知识点 2：尺寸标注

EPLAN Pro Panel 提供了加工尺寸自动标注和手工标注。对于自动标注，读者可以自己尝试修改默认配置并保存为自定义的配置，建立个性化的标注风格，提高绘图效率。

知识点 3：部件名称标识、箱柜设备清单

部件名称标识和箱柜设备清单配合使用，可以给生产环节提供便利，提高效率。

知识点 4：布局空间布线

在布线前一定要选择想要布线的部件。完成布线后，可以通过连接导航器检查布线结果。

第7章　部件——系列化部件建设

7.1　内容介绍

第2章到第6章可以称作"体验篇",尽量在默认的配置情况下,使用软件提供的默认部件库体验3D设计并完成制造数据的过程。

从第7章开始,将以系统默认部件库为基础,以部件为核心,从项目入手讲述部件的建立和维护。

现有基本完整部件信息的部件(这里指包含"3D箱柜设计特征"即3D宏)有以下几个来源:

① 官方部件库。

② 从EPLAN Data Portal下载。

③ 厂家和其他资源提供。

已有的部件信息可以直接使用,相关部件的导入、导出方法本书不再赘述,请参考《EPLAN电气设计实例入门》。

在西门子的微型断路器中,经常使用的是"5SJ6"系列产品,而不是部件库中提到的"SIE. 5SX2102-8"。

下面利用"5SJ6"和"5SX2"外形比较像的特点,完成"5SJ6"系列单级微型断路器的部件库建设。

7.2　实例操作

7.2.1　寻找"5SJ6"技术资料

西门子官方网站提供了包含"5SJ6"产品资料的样本《低压电器元件快速选项手册》,相关文档地址在:

http://www. ad. siemens. com. cn/download/HTML/Download. aspx? DocId = 2131&loginID=&srno=&sendtime=&ftype=cn

"CHP07"文档中保存了名称为"234. pdf"的文件,第25页对"5SJ6"相关技术参数进行了描述,如图7-1所示。

相关选型表如图7-2所示。

产品名称	标准型小型断路器
产品型号	5SJ6
符合标准	IEC 60898/GB010963
产品图片	
通过认证	CCC
额定电压(V)	400/230V AC
额定电流(A)	0.3~63
分断能力(kA) IEC 60898(Icn)	6
IBC 60947(Icu)	10
限流等级	3
隔离功能	有
级数	1P~4P 1P+N、3P+N

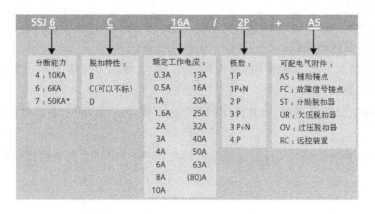

图7-1 “5SJ6”技术参数

图7-2 “5SJ6”系列小型断路器选型表

7.2.2 建立“5SJ6C10A/1P”部件

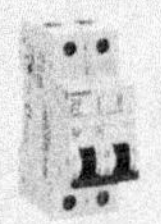

以“SIE. 5SX2102-8”部件为样本。(注：为了避免错误修改部件库，建议备份部件库ESS_part001 文件。在“CHP07”文档中也保留了“ESS_part001. rar”文件，需要时恢复该文件即可)。

选择“工具”→“部件”→“管理”菜单项，打开“部件管理”对话框，在“树”标签内选择“电气工程”→“零部件”→“安全设备”→“未定义”→“SIEMEN”→“SIE. 5SX2102-8”，如图 7-3 所示。

知识点 1：复制新建部件

右击“SIE. 5SX2102-8”，在弹出的快捷菜单中选择“复制”菜单项。

右击任一个部件，选择“粘贴”菜单项，部件清单中出现“SIE. 5SX2102-8(1)”新部件，该部件除“部件编号”外，其他与“SIE. 5SX2102-8”技术数据完全一致。

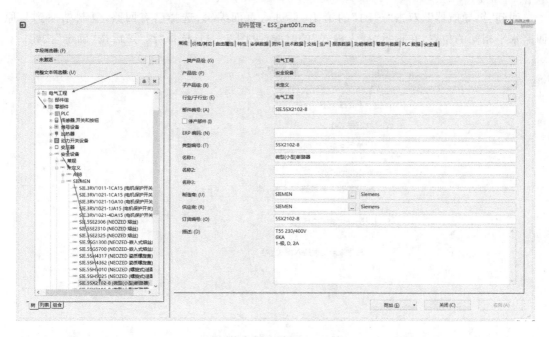

图 7-3　"部件管理"对话框

> SIE.5SH5025 (NEOZED (螺旋式)适配插座)
> SIE.5SX2102-8 (微型(小型)断路器)
> SIE.5SX2102-8(1) (微型(小型)断路器)

以"5SJ6C10A/1P"技术参数修改"SIE.5SX2102-8(1)"部件,修改内容如下:

- 常规标签项　部件编号改为"SIE. 5SJ6C10A/1P";
- 常规标签项　类型编号改为"5SJ6C10A/1P";
- 常规标签项　订单编号改为"5SJ6C10A/1P";
- 常规标签项　描述改为"5SJ 系列标准型小型断路器,分断能力 6kA 的脱扣特性 C 曲线,额定电流为 10 A,1 极";
- 特性标签项　第 4 行文本:修改为"C";
- 特性标签项　第 5 行文本:修改为"10A";
- 附件标签项　删除内容;
- 技术数据标签项　技术参数:修改为"10A";
- 功能模板标签项　技术参数:1 行修改为"10A";
- 零部件数据标签项　电流修改为"10"。

单击"应用"按钮,弹出"部件管理"对话框,单击"是"按钮,同意执行同步到项目部件库消息框,完成"5SJ6C10A/1P"部件的建立。

导出这个部件为"5SJ6C10A. XML"文件到"CHP07 文件夹",可以在实践部件复制练习的时候比较一下是否正确复制了该部件。有关部件的导入导出方法,请参考"帮助"文档或者《EPLAN 电气设计实例入门》。

如果经常使用"5SJ"系列数据,可参考以上方法补全 C 曲线和 D 曲线全部的 36 个部件。

回到"页导航器",双击"＋B1"的第 10 页进入页面编辑,选择已有回路,复制粘贴到与原回路水平相同的位置,在提示"插入模式"的时候(见图 7－4),选择"编号"后按"确定"按钮。

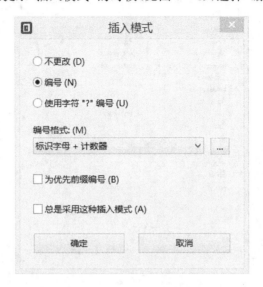

图 7－4 "插入模式"选择

图纸出现两组回路相同但部件编号不同的回路,如图 7－5 所示。

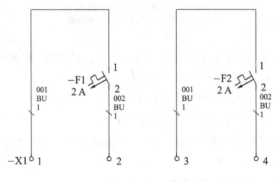

图 7－5 复制回路

双击"－F2"进入"属性(元件):常规设备"对话框,选择"部件"标签页,单击"部件编号"第一行,如图 7－6 所示。

单击出现的"…"按钮进入"部件选择"对话框,选择刚刚新建的"5SJ6C10A/1P"部件,单击"确定"按钮弹出"冲突"提示对话框,系统提示在进行部件替换的时候有哪些信息有变化,如图7－7 所示。

单击"确定"按钮完成部件的替换。再次单击"确定"按钮返回图纸页,修改连接"001"和"002"为"003"和"004",如图 7－8 所示。

知识点 2:部件列表和部件汇总表

查看部件的情况,除了使用项目文件的部件导航器或者图纸,EPLAN 还在报表中提供部件汇总表和部件列表。

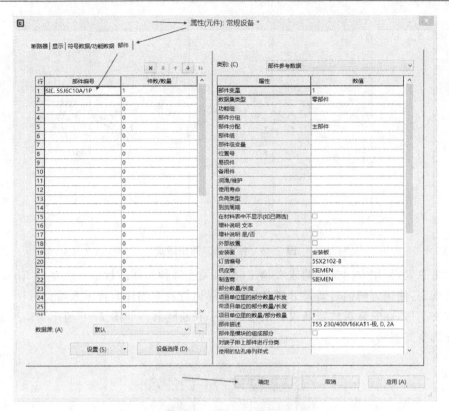

图 7-6 "属性(元件):常规设备"对话框

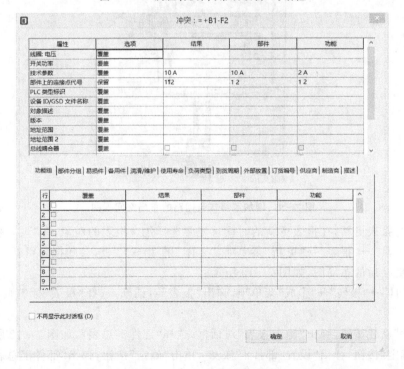

图 7-7 "冲突"提示对话框

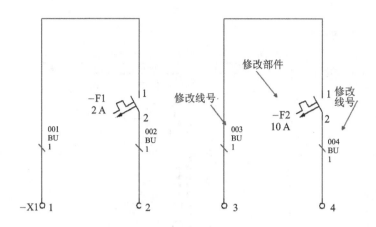

图 7-8 修改第二回路图纸

部件汇总表：使用方向是采购或者物流层面，关注每种部件的数量。

部件列表：使用方向面对需要分辨具体设备标识符对应部件的技术人员。

与前文类似，在安装板放置新设计增加的端子和断路器。如图 7-9 所示为增加了第二条回路的布局空间视图。

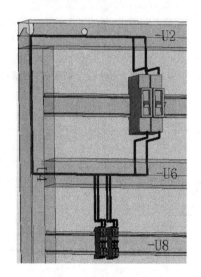

图 7-9 增加了第二条回路的布局空间视图

准备进行报表更新，在报表更新的时候首先要选择包含报表的对象，在"页导航器"中选择项目，选择"工具"→"报表"→"更新"菜单项，"+B1"的 30～32 页，会随报表更新显示，其中 30 页布局就是更新后的布局图，如图 7-10 所示。

选择"工具"→"报表"→"生成"菜单项，弹出"报表"对话框，选择"报表"标签页，如图 7-11 所示。

单击"＊"新建按钮，弹出"确定报表"对话框，选择"部件汇总表"，如图 7-12 所示。

单击"确定"按钮，弹出"设置-部件汇总表"，单击"确定"按钮，弹出"部件汇总表（总计）"对话框，单击希望插入在哪一页之后的页数，我们单击"2 目录"页，系统自动填写了插入页的位置，如图 7-13 所示。

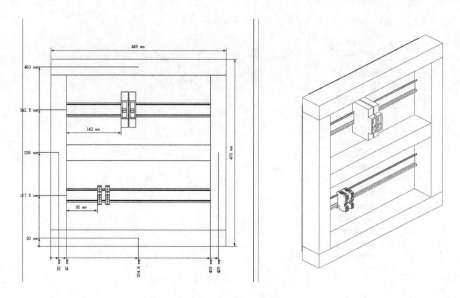

图 7-10　更新布局图

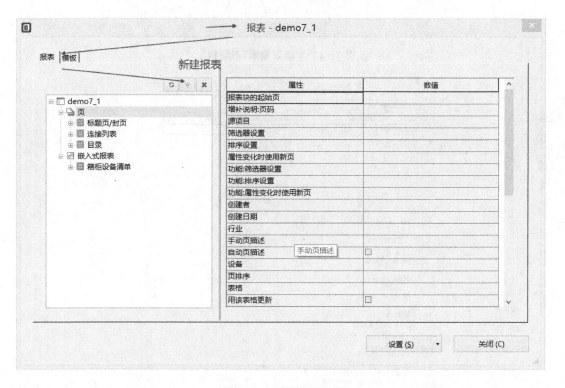

图 7-11　"报表"标签页

图 7 - 12　"确定报表"对话框

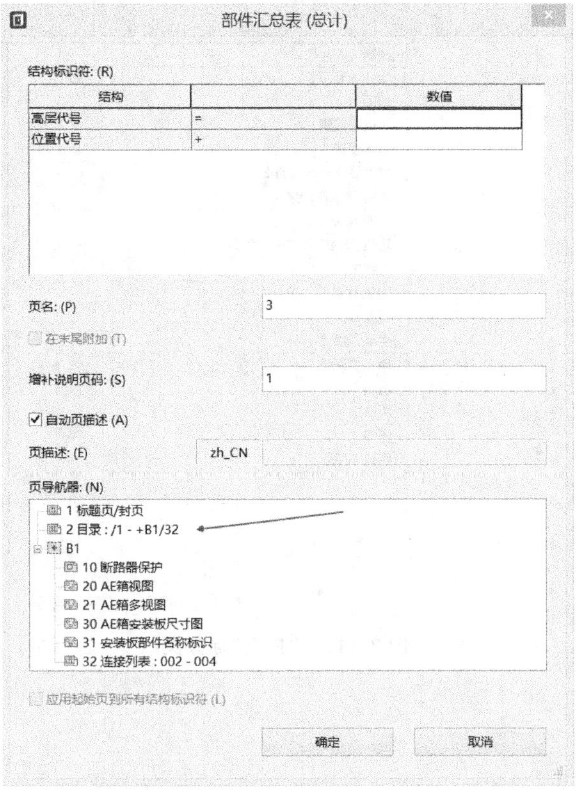

图 7 - 13　部件汇总表插入位置设置

单击"确定"按钮,在目录页后插入"部件汇总表",如图 7－14 所示。可以看到,部件列表中没有设置端子的统计,但是线槽的数量已经汇总统计了。

订货编号	数量	描述 名称	类型号 部件编号	制造商 供应商	单价	总价
AE 1050.500	1 块	AE 1050.500 500/500/210	AE 1050.500	RITTAL	0.00	0.00
	5		KK35040			
	块	电缆通道 60x40	KK35040			
	2		TS 35_7.5			
	块	安装导轨 EN 50 022(35x7,5)	TS 35_7.5			
5SX2102-8	1 块	微型(小型)断路器	5SX2102-8 SIE.5SX2102-8	SIEMEN SIEMEN	0.00	0.00
5SJ6C10A/1P	1 块	微型(小型)断路器	5SJ6C10A/1P SIE.5SJ6C10A/1P	SIEMEN SIEMEN	0.00	0.00

图 7－14　部件汇总表

采用相同的方法,在第 4 页插入"部件列表",完成后如图 7－15 所示。部件列表中以设备标识符为索引,对每一个设备的数量、名称、类型号等信息进行了描述。

设备标识符	数量	名称	类型号
-U1	1	AE 1050.500 500/500/210	AE 1050.500
-U2	1	电缆通道 60x40	KK6040
-U3	1	电缆通道 60x40	KK6040
-U4	1	电缆通道 60x40	KK6040
-U5	1	电缆通道 60x40	KK6040
-U6	1	电缆通道 60x40	KK6040
-U7	1	安装导轨 EN 50 022(35x7,5)	TS 35_7.5
-U8	1	安装导轨 EN 50 022(35x7,5)	TS 35_7.5
+B1-F1	1	微型(小型)断路器	5SX2102-8
+B1-F2	1	微型(小型)断路器	5SJ6C10A/1P

图 7－15　部件列表

7.3　知识点总结

知识点 1:复制新建部件

复制原有部件做简单的修改是 EPLAN 部件设计的一个最为方便的方法,在 EPLAN P8 中适用,在 EPLAN Pro Panel 中也同样适用。特别是在没有 3D 宏的情况下,选择本系列部件或者其他厂家外形基本类似的部件都是可行的。

本章以"SIE.5SX2102-8"的 3D 宏模板为例,它其实可以扩展到西门子的其他不仅限于"5SJ"系列的单极断路器。更有甚者,可以利用这个 3D 宏作为其他常见 3D 宏的替代,只是 3D 的细节有些偏差,整体对电气设计没什么影响。

知识点 2:部件列表和部件汇总表

部件列表:使用方向面对需要分辨与具体设备标示符对应的部件的技术人员,如设计、生产制造人员。

部件汇总表:使用方向面对需要只关注每种部件数量的人员,如采购、库房人员。

第8章　没有3D宏文件的部件建设

8.1　内容介绍

第7章讲述了在部件库中,如果有其他部件的3D宏,且与希望建立的部件外形类似,就可以复制并使用这些宏。

本章讲述在没有类似或者接近的3D宏的情况下,如何用简单长方体进行布局空间设计。

在实践过程中会接触到"3D宏的应用顺序"和"长方体3D贴图使用"的知识点,将在"知识点"环节进行讲解。

8.2　实例操作

8.2.1　复制部件修改参数

继续以"5SJ"系列为例,讲述在没有3D宏的情况下,实现3D布局空间设计。

本章将建一个"5SJ6C10A/2P"的微型断路器部件,外形和功能与"5SJ6C10A/1P"类似,就是额定技术参数为2P的断路器。

部件复制:部件复制的方法与第7章节类似。

以"5SJ6C10A/2P"技术参数修改"5SJ6C10A/1P（1）"部件,修改内容如下:

- 常规标签项　部件编号改为"SIE. 5SJ6C10A/2P";
- 常规标签项　类型编号改为"5SJ6C10A/2P";
- 常规标签项　订单编号改为"5SJ6C10A/2P";
- 常规标签项　描述改为"5SJ系列标准型小型断路器,分断能力为 6 kA 的脱扣特性 C 曲线,额定电流为 10 A,2 极";
- 特性第 4 行改为"C";
- 特性第 5 行改为 10A;
- 安装数据　图形宏文本框内容删除;
- 附件标签项　删除内容;
- 技术数据　宏文本框:删除;
- 功能模板　修改"功能定义"为"两极断路器",连接点代号为"1¶2¶3¶4"。

在 EPLAN Por Panel 中"¶"的符号可以使用"复制"和"粘贴"来输入,也可以用 Ctrl＋Enter 键来输入。

8.2.2　3D 信息设定

知识点 1:3D 宏的应用顺序

由于目前没有 3D 宏文件,所以删除"SIE. 5SX2102-8_3D. ema"后,EPLAN Pro Panel 在插入部件的时候,会检查"技术数据"标签的对话框内的"宏"文本框,如果没有可以使用的 3D 宏,则 EPLAN Pro Panel 会使用"安装数据"标签对话框内的"宽度"、"高度"和"深度"确定部件的 3D 信息。

因为是 2P 的断路器,所以把"宽度"从 17 mm 改为 34 mm,从而实现简单的 3D 外形设计。

完成的部件可以参考"CHP08"文件夹下的"CHP08\5SJ6C10A2P. xml"文件。

与插入"F1"方法类似,在原理图中绘制"F3"回路,如图 8-1 所示。

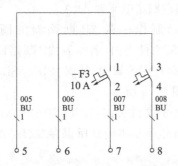

图 8-1　在原理图中绘制两级断路器

在"布局空间"导航器直接激活"安装板"正面,在"3D 安装布局"导航器中选择"－X1"的 5、6、7、8 端子插入到"－U8"导轨上,把"－F3"插入到"－U7"导轨上,完成后如图 8-2 所示。

选择"－F3"后对该部件进行布线,结构如图 8-3 所示。

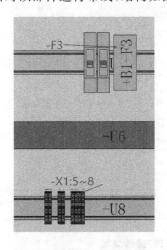 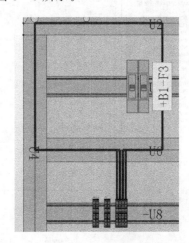

图 8-2　插入"－F3"断路器　　　　**图 8-3　"－F3"布线**

完成文本保存为"Demo8_1"。

知识点2：长方体3D贴图使用

观察"－F3"布线的3D视图，有以下两个问题需要说明：

问题1：导线布线在进入"－F3"的时候是重合的，与真实布线不一样。

问题2：长方体比较简陋，不容易直接从立方体上了解部件信息。

针对问题1，EPLAN Pro Panel提供了准确的接线点定义，我们会在后面的章节学习、了解导线进出部件的位置和方向的设定。

针对问题2，在没有详细3D信息的情况下，EPLAN Pro Panel为用户提供了一个简化的方法，用于直观的部件设计，这种节省3D设计工作量的代价是牺牲了部件细节。EPLAN Pro Panel同时提供了一种贴图的方法对部件外形信息进行了补充。

编写"SIE.5SJ6C20A2P"部件库，编写方法和"SIE.5SJ6C10A2P"类似，只修改额定电流为20 A。

自己制作一张2P断路器的图片，如图8－4所示，保存到"CHP08"文件夹内，名称为"2P断路器纹理.png"。

图8－4　2P断路器图片

在部件库编辑中，编辑"SIE.5SJ6C20A2P"部件→"安装数据"→"纹理"，填写图片文件路径，如图8－5所示。

完成部件导出文件到"CHP08"文件夹内，5SJ6C20A2P.xml文件供参考，读者在使用这个文件的时候应注意"纹理"的位置是不是指向到所保存"纹理"的位置。

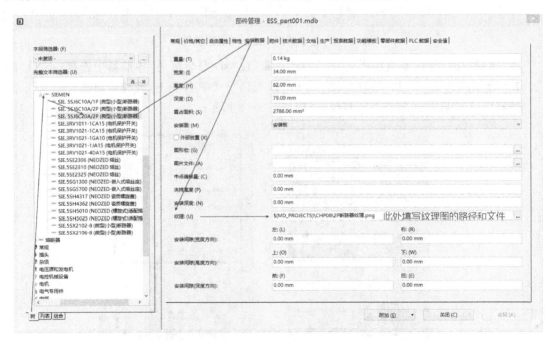

图8－5　"纹理"属性填写

在原理图中绘制"－F4"回路，可以修改一下导线的线径为"2.5 mm^2"，导线颜色为"黑色"，如图8－6所示。

同"－F3"的方法插入到"布局空间",可以看到赋予"纹理"的"－F4"表面出现了贴图,图片内容正是指定的"纹理"内容,如图 8－7 所示。

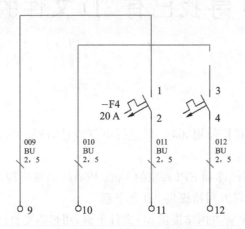

图 8－6　－F4 原理图

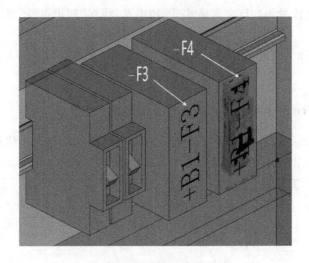

图 8－7　"纹理"的部件显示

8.3　知识点总结

知识点 1:3D 宏的应用顺序

EPLAN Pro Panel 在插入部件的时候,选择 3D 宏的顺序首先是"安装数据"标签对话框内的"图形宏"文本框,其次是"技术数据"标签对话框内的"宏"文本框,然后 EPLAN Pro Panel 会使用"安装数据"标签对话框内的"宽度"、"高度"和"深度"确定部件的 3D 信息。

知识点 2:长方体 3D 贴图使用

EPLAN Pro Panel 可以通过为长方体表面贴图的方式增加部件的外形信息表达。

第 9 章　寻找已有 3D 文件的方法

9.1　内容介绍

EPLAN Pro Panel 不能直接使用 3D 文件进行电气设计,所能使用的(包含 3D 信息)"宏文件"来源分为以下几个方面:

- EPLAN 提供:软件部件库和 EPLAN 的 Data Portal 的在线部件库。
- 3D 宏下载:部件厂家官方网站提供 3D 宏下载。
- 3D 文件下载:部件厂家官方网站提供 3D 文件下载,用户需要自己转化为 3D 宏文件。
- 用户自己制作 3D 文件,并自己转化为 3D 宏文件。

在实践过程中会接触到"3D 文件格式"的知识点,将在"知识点"环节进行讲解。

9.2　实例操作

9.2.1　EPLAN Pro Panel 的 Data Portal 3D 宏

EPLAN Pro Panel 的 Data Portal 为 EPLAN 购买服务的客户提供库访问权限,在 Data Portal 中可以下载使用 EPLAN 提供的部件库中的部件,如图 9 - 1 所示。

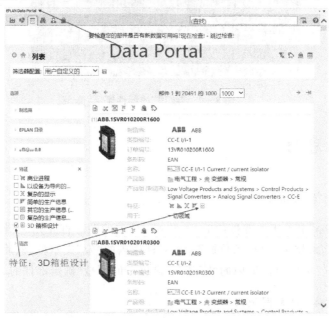

图 9 - 1　"查找" Data Portal 中具备 3D 箱柜设计特征

可以在图中看到目前 EPLAN 中包含 3D 箱柜设计的部件有 20 000 个左右。读者在采购软件的时候可以考虑购买相关软件服务来使用这些数据。

9.2.2　厂家提供 3D 文件网页下载

大量的自动化部件厂家官方网站上提供 3D 部件的下载，比如前文使用的端子部件是"PXC.3031212"，该部件官方完整链接为

"https://www.phoenixcontact.com/online/portal/cn？uri＝pxc-oc-itemdetail；pid＝3031212&library＝cnzh&tab＝1"

如果官网更新，可在网页中搜寻"3031212"找到该部件位置，如图 9-2 所示。

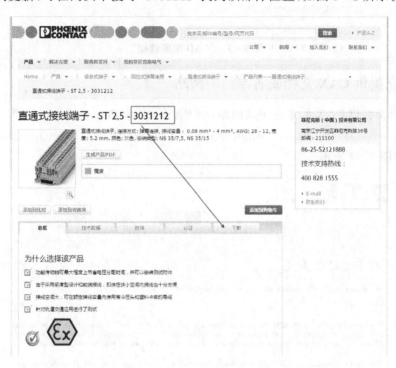

图 9-2　端子网页位置

选择"下载"标签页，在"CAD 图像数据"区寻找"STEP"文件，选择对应文件进行下载，如图 9-3 所示。

下载文件保存在"CHP09"文件夹下，文件名为"3031212_ST_2.5-select.stp"。

知识点 1：3D 文件格式

EPLAN Pro Panel（V2.5 版本）能够使用 3D 文件的格式是后缀为"STEP"、"STP"和"STE"格式。在使用过程中会出现选择文件格式"AP203"、"AP214"等不同版本，具体区别可以在"百度"搜索一下。"AP214"文件包含颜色的信息，建议使用。

如果下载文件是其他格式的 3D 文件，就需要软件转换为"STEP"格式供 EPLAN Pro Panel 使用。

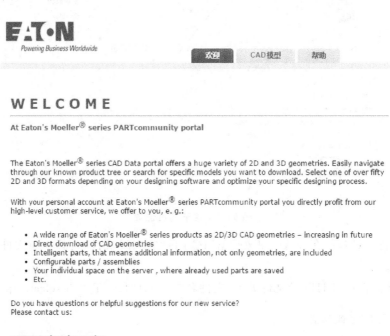

图 9 - 3 "CAD 图像数据"

9.2.3 厂家提供 CAX 文档或者专门的网站

部分企业会提供 CAX 的专业下载网站，如 EATON 的"Eaton's Moeller ® series PART-community portal"网站 http://eaton-moeller. partcommunity. com/portal/portal/eaton-moeller♯，如图 9 - 4 所示。

图 9 - 4 Eaton Moeller 的 CAD 网站

根据部件需要的特征寻找相关的 3D 文件下载,如图 9 - 5 所示。

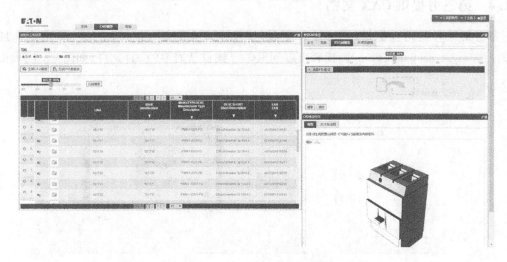

图 9 - 5　EATON 部件下载

Rockwell 网站上提供宏文件和 3D 文件下载,如图 9 - 6 所示。

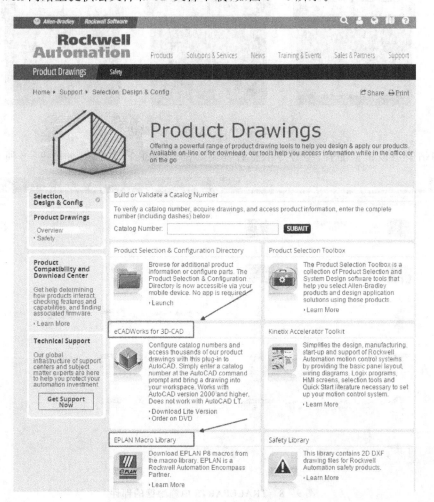

图 9 - 6　Rockwell 3D 文件下载网站

9.2.4 第三方提供 CAX 文档

部分第三方网站也提供 CAX 文件下载,规模比较大的是 TRACEPARTS,网站地址为 http://www.traceparts.com/。读者可以到网站寻找自己需要的 3D 文件,如图 9-7 所示。

图 9-7 TRACEPARTS 官方网站

在网站中可以根据品牌、型号等信息查找需要的部件并下载文件,如图 9-8 所示。

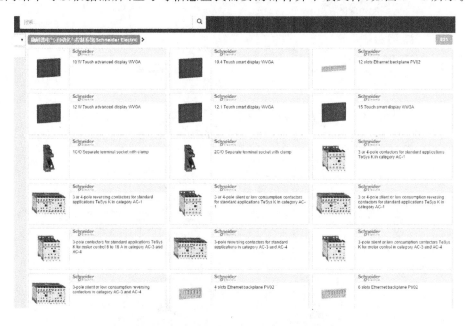

图 9-8 TRACEPARTS 中施耐德的部件

9.3 知识点总结

知识点 1:3D 文件格式

EPLAN Pro Panel(V2.5 版本)能够以 3D 文件的格式使用的是 STEP 文件。
文件格式 AP203、AP214 等是 STEP 的不同版本。AP214 文件包含颜色的信息。
其他格式的 3D 文件需要用软件转换为 STEP 格式。

第 10 章　绘制简单 3D 图形——草图

10.1　内容介绍

从本章开始,用 3 章的内容讲述使用 SolidWorks 软件绘制简单的 3D 图形。

第 10 章讲述 SolidWorks 基本概念和草图的绘制方法。

第 11 章讲述拉伸切除的方法。

第 12 章讲述有关钣金和组装的一些基本应用。

利用学到的 SolidWorks 的知识,绘制"模块化插座"电气元件 3D 图形。如果读者熟悉 3D 设计软件,则可以略过这 3 章的内容,也可参考其他教材进行 3D 设计学习。

10.2　实例操作

10.2.1　SolidWorks 设计基本目标

本章讲述的内容是基于"SolidWorks 2014 x64"版本的软件。

新建 SolidWorks,弹出的"新建 SolidWorks 文件"对话框如图 10-1 所示。

图 10-1　"新建 SolidWorks 文件"对话框

从该对话框可以分析出三种绘制的目标:

● 零件;

● 装配图;

● 工程图。

在 EPLAN 的应用中,绝大部分的电气元件使用简单的"零件"设计即可。

"装配体"有助于高效的 3D 设计,但是大多数装配体在 EPLAN Pro Panel 内合并。

少数柜体、安装板等需要设计为"装配体",便于柜体功能定义。

在 EPLAN Pro Panel 应用中基本不会用到"工程图"方面的内容。

模块化插座选择"正泰电工"的"AC30"作为设计对象,如图 10 - 2 所示。"AC30"产品样本保存在"CHP10"文件夹中的"导轨插座. pdf"文件中。

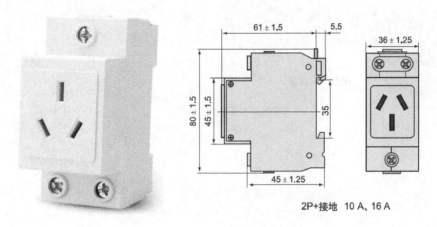

图 10 - 2　AC30 模块化插座

新建项目,选择"零件"作为设计目标进入编辑环境。

10.2.2　绘制思路介绍

"AC30"3D 模型的绘制方法如下:

① 选择水平面,绘制"AC30"的底面 2D 草图。

② 以底面草图为基础,按指定长度拉伸为长方体。

③ 以长方体上平面为基础,绘制上层立方体草图。

④ 按指定长度拉伸上层立方体。

⑤ 以侧面为基础,在底边绘制长方形,完全贯穿切除长方形,形成导轨安装位置。

⑥ 在接线位置的垂直面绘制接线开口的草图。

⑦ 按照指定深度,切除导线接线的开口。

10.2.3　草图绘制

SolidWorks 绘图的基础是草图,绘制草图需要指定一个承载的平面,所以绘制部件的顺序是:

① 进入草图编辑状态;

② 选择承载草图平面;

③ 绘制草图。

单击快捷工具栏下方的"草图"标签栏,显示草图工具栏,如图 10 - 3 所示。

单击绘制草图工具按钮,进入编辑草图状态,"草图绘制"按钮下沉标识目前处于"草图编

图 10 - 3　草图工具栏

辑"状态,工作区出现"前视基准面"、"上视基准面"和"右视基准面"视图,如图 10 - 4 所示。

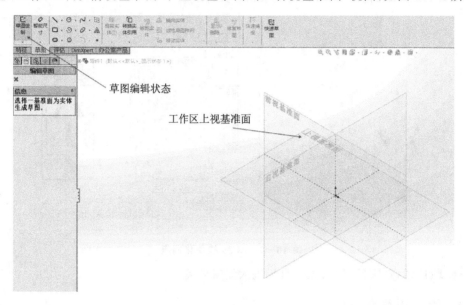

图 10 - 4　草图编辑状态

单击"上视基准面",选择"上视基准面"作为绘制"AC30"底座的平台,工作区变为"上视基准面"编辑平台,如图 10 - 5 所示。

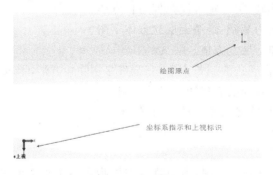

图 10 - 5　进入上视基准面

单击"边角矩形"按钮,以原点为起点绘制边角矩形,如图 10 - 6 所示。

知识点 1:完全定义

在草图编辑中,完全定义的部分用黑色线条标识,未完成完全定义的部分用蓝色标识。
在当前草图中,图纸矩形的边是蓝色的,说明没有完成定义。

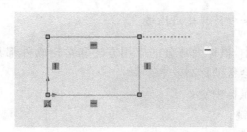

图 10 - 6　绘制边角矩形

查看"AC30"技术资料,如图 10 - 7 所示。

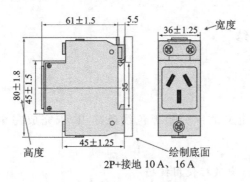

图 10 - 7　元件尺寸图

单击草图工具栏上"智能标注"按钮将矩形水平边长度标注为 36 mm。垂直边长度标注为 80 mm。完成尺寸标注后,矩形的四边颜色变成黑色,表示完成了"完全定义",如图 10 - 8 所示。

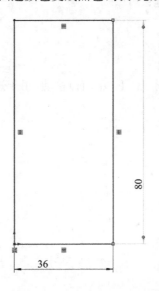

图 10 - 8　底面草图完成标注

单击"智能标注"按钮退出标注状态,继续单击"退出草图"按钮,完成草图设计,文件保存在"CHP10"文件夹内,文件名为"零件 10_1. prt"。

知识点 2:SolidWorks 中鼠标使用技巧

在 SolidWorks 应用中,鼠标大部分的应用方法和常用软件都是类似的,对一些针对 3D 的鼠标操作方式的了解,会帮助提高效率。

- 平移对象:Ctrl＋鼠标中键;
- 旋转对象:鼠标中键;
- 缩小视图:鼠标滚轮下滚;
- 放大视图:鼠标滚轮上滚;
- 切换视图:右键按下保持＋上(下、左、右)移动,用于选择使用视图方式。

10.3 知识点总结

知识点 1:完全定义

在草图编辑中,完全定义的部分用黑色线条标识,未完成完全定义的部分用蓝色线条标识。

知识点 2:SolidWorks 中鼠标使用技巧

在 SolidWorks 应用中,鼠标大部分的应用方法和常用软件都是类似的,对一些针对 3D 的鼠标操作方式的了解,会帮助提高效率。

- 平移对象:Ctrl＋鼠标中键;
- 旋转对象:鼠标中键;
- 缩小视图:鼠标滚轮下滚;
- 放大视图:鼠标滚轮上滚。
- 切换视图:右键按下保持＋上(下、左、右)移动,用于选择使用视图方式。

第11章　绘制简单3D图形——基于草图特征的构建

11.1　内容介绍

本章首先介绍 SolidWorks 软件设计的基本思维方式,利用特征中"拉伸"和"切除"的方法完成"AC30"的 3D 外形构建。

在实践过程中会接触到"SolidWorks 绘图思路"、"电气用 3D 图模型绘制原则"、"模型颜色和材质的设置"、"文件导出格式"几个知识点,将在"知识点"环节进行讲解。

11.2　实例操作

11.2.1　部件构建的绘制原则

用 SolidWorks 软件建立 3D 模型有很多种方法,对于电气工程师来讲,简单易学的方法是最值得关注的。

知识点 1:SolidWorks 绘图思路

SolidWorks 设计方法是在某一个平面绘制草图,然后以这个草图为基础构建各种特征。我们只利用简单的"拉伸"和"切除"特征,就可以完成电气设计层面需求的 3D 图形。

11.2.2　部件凸台设计

第 10 章中已经在"上视基准面"绘制了矩形,并完成了"完全定义",在关闭"智能标注"和完成"退出草图"的操作后,在左侧设计树区域出现"草图 1",如图 11 - 1 所示。

SolidWorks 的操作方法和 EPLAN 的操作方法类似,就是先要选择操作对象"草图 1",再去工具栏区域单击"特征"标签,在"特征"的快捷工具栏中选择"拉伸凸台/基体"按钮,如图11 - 2 所示。

图形空间出现特征编辑俯视图,如图 11 - 3 所示。

设计树呈现"凸台-拉伸"的设置菜单,改变视角可以看到特征拉伸所见即所得的模型对象,如图 11 - 4 所示。

参考元件技术参数,找到第一层高度为"45 mm",如图 11 - 5 所示。

填写数据到设计树,设计器呈现调整后的正确尺寸,如图 11 - 6 所示。

单击凸台"特征"下绿色"√"按钮,如图 11 - 7 所示。

选择立方体上平面作为下一张草图的承载面,右击该平面,在弹出的快捷菜单中选择"正视于"菜单项,如图 11 - 8 所示。

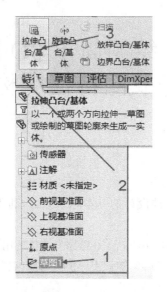

图 11-1　设计树中的草图 1　　　图 11-2　拉伸凸台/基体按钮　　　图 11-3　特征编辑俯视图

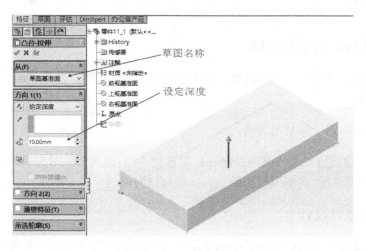

图 11-4　"凸台-拉伸"对话框

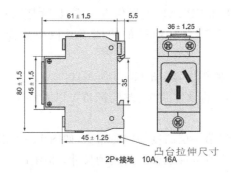

图 11-5　拉伸高度数据

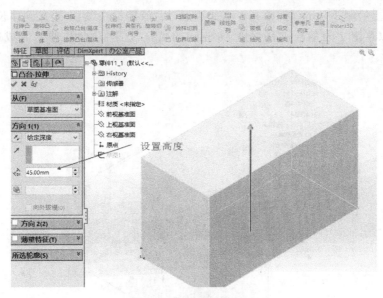

图 11 - 6　完成高度设定

图 11 - 7　完成特征设定

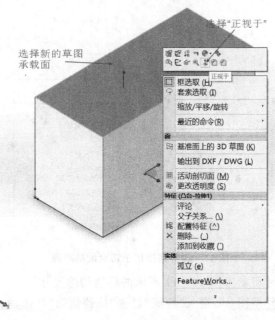

图 11 - 8　第二个凸台草图承载面选择

在新平面上绘制 36 mm 宽、45 mm 高的矩形,用"智能标注"居中定义到原长方体中间,退出草图编辑,以草图 2 为基准进行深度 16 mm 的特征设置"凸台拉伸",完成后如图 11 - 9 所示。

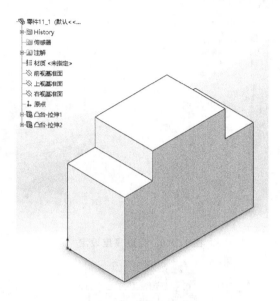

图 11 - 9 完成第二个凸台的拉伸

11.2.3 部件拉伸切除设计

选择侧面作为"草图 3"的基准面,并在较大矩形的底面绘制小矩形,用于导轨槽切除,如图 11 - 10 所示。

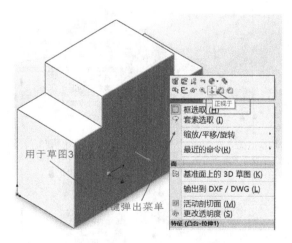

图 11 - 10 选择用于切除的基准面

导轨切除的参考尺寸可参考图 11 - 11 所示的导轨切除尺寸。

结束草图绘制,选择"草图 3",进入"特征"设置"拉伸切除"特征,如图 11 - 12 所示。

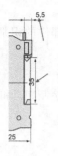

图 11-11 导轨切除尺寸　　　　　　　　　　图 11-12 拉伸切除特征选择

切除方式选择"完全贯穿",如图 11-13 所示。

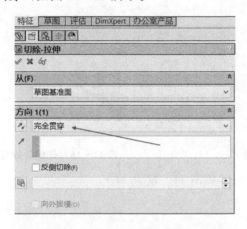

图 11-13 切除方式设置

完成后调整视图,可以看到切除导轨安装槽后的 3D 视图,如图 11-14 所示。

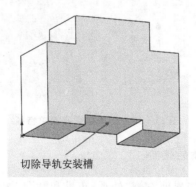

切除导轨安装槽

图 11-14 切除导轨安装槽后的视图

知识点 2:电气用 3D 图模型绘制原则

在为 EPLAN Pro Panel 准备 3D 模型的时候,关注的重点如下:
● 关注安装相关的细节,如导轨安装槽尺寸要准确。
● 关注最大外形尺寸的细节,尤其是凸出部分,因为其牵涉部件安装的空间位置。
● 关注接线的位置细节。准确的接线位置可以给布线提供更为准确的导线连接点的位置定义。

● 关注外观特征。部件典型外观特征(如颜色和典型外观等)有助于部件的识别。

11.2.4　部件细节补充

为部件绘制进线位置,分别在模型的上方绘制"PE"的接线孔,在下方绘制"L"和"N"的接线孔,如图 11 - 15 所示。

在模块化插座上绘制导线进线位置,如图 11 - 16 所示。

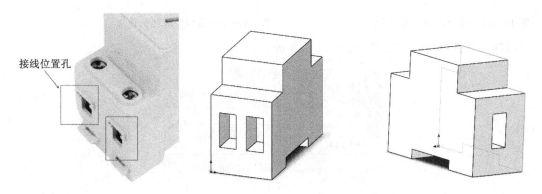

接线位置孔

图 11 - 15　接线位置孔　　　　图 11 - 16　完成导线进线位置绘制

为 3D 模型增加简单特征,如图 11 - 17 所示。

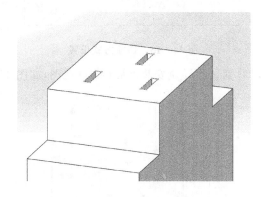

图 11 - 17　模块化插座简单特征

知识点 3:模型颜色和材质的设置

选择全部部件后,单击工作界面右侧"外观、布景和贴图"按钮,选择"外观"→"塑料"→"低光泽"→"奶油色低光泽塑料"菜单项,如图 11 - 18 所示。

完成项目保存在"CHP11"文件夹内,文件名为"零件 11_1. prt"。

知识点 4:文件导出格式

项目完成后,另存项目为 EPLAN Pro Panel 可以使用的"STEP AP214"格式文件"零件 11_1. STP",如图 11 - 19 所示。

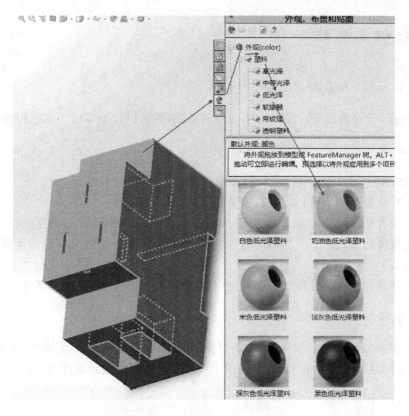

图 11 - 18　模型颜色和材质的设置

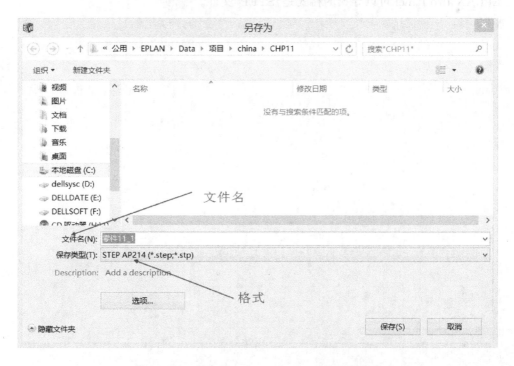

图 11 - 19　另存为 EPLAN Pro Panel 认可的格式

11.3 知识点总结

知识点 1：SolidWorks 绘图思路

SolidWorks 设计方法是在某一个平面绘制草图，然后以这个草图为基础构建各种特征。

知识点 2：电气用 3D 图模型绘制原则

在为 EPLAN Pro Panel 准备 3D 模型的时候，关注的重点如下：
- 关注安装相关的细节，如"导轨安装槽"尺寸要准确。
- 关注最大外形尺寸的细节，尤其是凸出部分，因为牵涉部件安装的空间位置。
- 关注接线的位置细节。准确的进线位置可以给布线提供更为准确的导线连接点的位置定义。
- 关注外观特征。部件典型外观特征（如颜色和典型外观等）有助于部件的识别。

知识点 3：模型颜色材质设置

3D 模型需要分配材料和颜色，但是不要使用透明、白色以及奶白、浅黄等与白色相近的颜色。这样在 EPLAN Pro Panel 的模型视图中可以比较清晰地显示部件和部件的轮廓。

知识点 4：文件导出格式

EPLAN Pro Panel 可以导入的格式是"STEP"文件。

第 12 章 绘制简单 3D 图形——钣金

12.1 内容介绍

本章首先介绍 EPLAN Pro Panel 获取箱柜 3D 数据的方法，然后介绍在 SolidWorks 中利用钣金的设计方法绘制简单的钣金和箱体。

在实践过程中会接触到简单的钣金设计的知识点，将在"知识点"环节进行讲解。

12.2 实例操作

12.2.1 箱柜技术资料

知识点 1：箱柜技术资料的来源

EPLAN Pro Panel 软件内置部分威图的 TS 箱体和 AE 操作箱 3D 宏。在前文的体验环节已经展示相关的应用。在日常设计中，面对箱柜内容，有以下几种设计方式：

- 使用 EPLAN Pro Panel 的安装板，只设计安装板内容，不对箱柜相关内容进行设计；
- EPLAN Pro Panel 部件库；
- 厂家提供 3D 宏文件下载；
- 下载或自己绘制 3D 文件，转化为 3D 宏应用。

如果使用威图电柜产品，可以在威图官网选型并下载 3D 文件，网址为 http://rittal.part-community.com，页面截图如图 12 - 1 所示。

图 12 - 1 威图箱柜在线选型

网站还提供了 Ricad3D 软件,目前在德国的网站可以下载到 V3.8 版本的软件,可以离线进行箱柜的选型。

在平时做 EPLAN Pro Panel 设计的时候,使用威图的产品可以直接找到对应的 3D 模型文件;但是如果所使用的箱柜不是威图的产品,其实也可以选取接近的威图产品的 3D 模型来用。

12.2.2 钣金设计——钣金基本概念

1. 基体法兰/薄片

基体法兰/薄片是钣金加工的基础钣金零件。其他的特征(折弯、拉伸等)都建立在基体法兰的基础上。

作为一个电气工程师,笔者对法兰的大概的理解是管道和管道连接的装置,如图 12-2 所示。

但是在钣金设计学习的过程中,重复出现的法兰是常见的基体法兰,如图 12-3 所示。

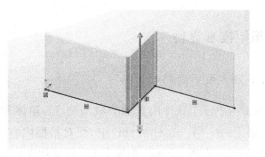

图 12-2 管道法兰   图 12-3 常见的基体法兰

钣金设计基体法兰实际上颠覆了一般用户传统的认知,所以用基本板材的概念来理解基体法兰可能会容易一些。

2. 边线法兰

边线法兰是在已有钣金材料的边缘创建简单的折弯和弯边区域,其厚度与原钣金厚度一致,如图 12-4 所示。

它可以理解为在钣金零件的边界进行增补材料的设计,就像用橡皮泥在边线上补粘一块贴片。常见的直角折边就是这样的特征设计。

3. 斜接法兰

斜接法兰和边线法兰类似,只是添加方法和复制程度略有不同。要求以基体法兰为基础生成斜接法兰的草图,然后生成法兰。

生成斜接法兰的草图要选择已有法兰的边线,并在侧截面绘制斜接法兰位置,如图 12-5 所示。

确认草图后选择斜接法兰特征,用以设置斜接法兰的各项参数,如图 12-6 所示。

参数设置结束后完成的斜接法兰如图 12-7 所示。

图 12 - 4 边线法兰

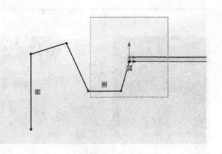

图 12 - 5 斜接法兰草图

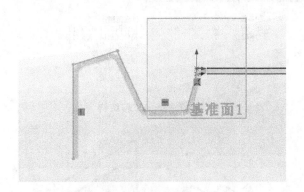

图 12 - 6 斜接法兰特征设置

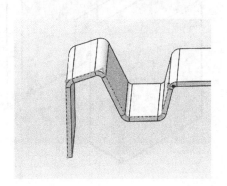

图 12 - 7 完成的斜接法兰

12.2.3 钣金设计——绘制简单箱体

以威图紧装式 AE 控制箱绘制一个简化的控制箱,这样,电气工程师在没有相关柜体 3D 资源的时候,也可以完成 EPLAN Pro Panel 的设计工作。

AE 箱是一款四周金属板和底板焊接在一起的箱体,门板通过合页和锁固定,内置安装板,箱体表面喷塑,结构简单可靠,成本也比较低,是一款在电气系统中常用的控制箱。相关结构如图 12 - 8 所示。选择"1050.500"尺寸进行箱体绘制,如图 12 - 9 所示。

紧装式控制箱 AE

宽度：380～800 mm，高度：500～1 000 mm

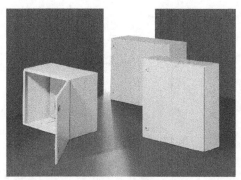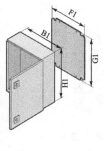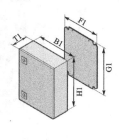

材料：钢板。
表面处理：
箱体和门：浸涂底漆。
外部为粉末涂层。
颜色为RAL 7035，织纹。
安装板：镀锌。

防护等级：
IP66，根据EN 60 529/09.2000，
符合NEMA4的要求。

供应范围：
箱体四周封闭，单门。
箱体底部1块电缆封盖板。
门固定在右边。
也可换成左边。
带2个凸缘锁。
门上带发泡密封件。
镀锌安装板。

图 12 - 8   AE 箱结构

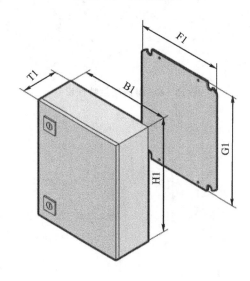

图 12 - 9   箱体尺寸代号

选择"1050.500"型号进行控制箱绘制，其对应尺寸数据如图 12 - 10 所示。

知识点 2：简单箱体的钣金设计

整体箱体绘制思路如下：

① 绘制主箱体部件。

● 通过基体法兰绘制箱体背板；

● 通过边线法兰绘制 AE 箱侧板；

● 通过边线法兰绘制箱体前方接触面；

宽度 (B1) mm	每包	380	380	400	400	500
高度 (H1) mm		600	600	500	800	500
深度 (T1) mm		210	350	210	300	210
安装板宽度 (F1) mm		334	334	354	349	449
安装板高度 (G1) mm		570	570	475	770	470
安装板厚度 mm		2.5	2.5	2.0	2.5	2.5
型号AE	1个	1038.500	1338.500	1045.500	1037.500	1050.500
重量 (kg)		15.6	19.4	13.0	26.2	16.8

图 12 - 10　AE 箱体尺寸数据

- 通过"拉伸-凸台"绘制 4 个固定杆,用于固定底板。
② 绘制门板部件。
- 通过基体法兰绘制箱体门板;
- 通过边线法兰绘制门板侧边;
- 通过边线法兰绘制门板固定面;
- 为简化,不绘制门锁细节。
③ 绘制安装板部件。
通过基体法兰绘制安装板。
④ 装配体装配为 AE 箱体。
首先新建"主箱体"部件,打开 SOLIDWORKS 文件,单击"文件"→"新建",在对话框中选择"零件"后单击"确认"按钮,如图 12 - 11 所示。

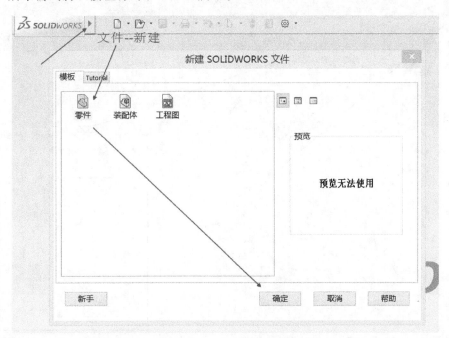

图 12 - 11　新建 SOLIDWORKS 文件

进入设计界面后,首先要绘制底板钣金的草图,为此草图选择绘制平面。

选择"草图"菜单组,选择"草图绘制",在绘图区域的零件树中,选择"上视基准面",如图 12 - 12 所示。单击该基准面进入草图编辑界面。

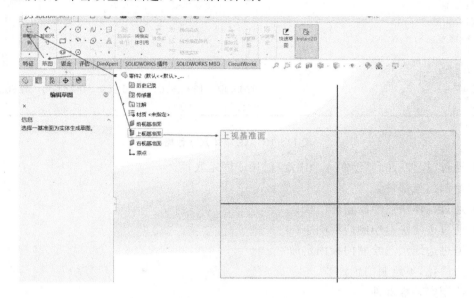

图 12 - 12 底板基准面选择

绘制矩形草图,并用智能标注功能定义矩形尺寸,如图 12 - 13 所示,单击"退出草图"完成底板草图绘制。

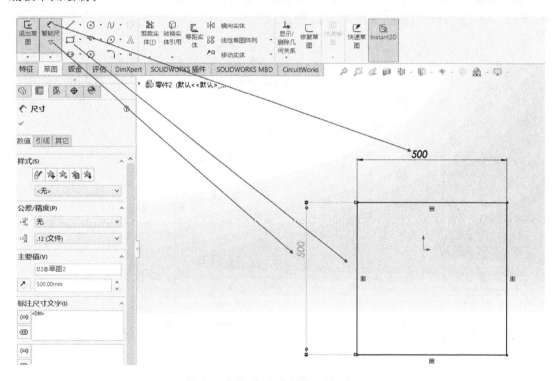

图 12 - 13 底板草图

　　绘图的目标是基于该草图形成钣金的基体法兰,因此选中该草图,单击"钣金"菜单栏,选择"基体法兰/薄片",如图 12-14 所示。

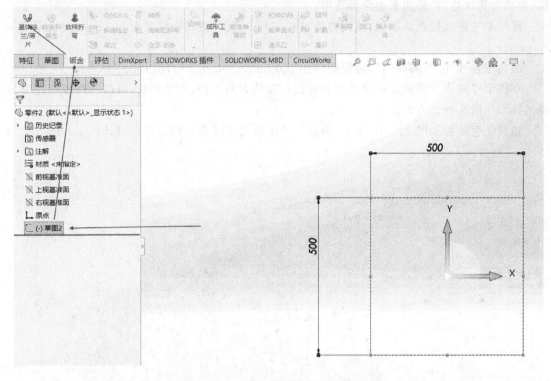

图 12-14　底板"基体法兰/薄片"定义

　　填写"钣金参数"的厚度为"1.00 mm",其他保留默认值,单击"√"按钮完成底板基体法兰薄片,如图 12-15 所示。

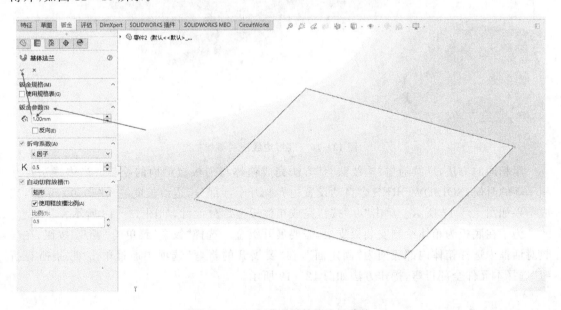

图 12-15　完成底板基体法兰薄片

通过"边线法兰"创建 AE 箱四边钣金。单击"边线-法兰"标题栏,在"法兰参数"对话框中,先选择"编辑法兰轮廓"区域,再逐条点选底板的四条边,注意一定要逐条单击编辑法兰轮廓,再单击轮廓边,使得四条边全部选中。

厚度和角度选择默认数值,深度选择"190.00 mm"。(整机箱厚度为 210 mm,门板厚度为 20 mm。)

法兰位置选择"材料在内",确保侧板在 500 mm×500 mm 空间内部。

在图形空间内观察边线法兰是否和自己预期的方向一样,如果相反,可以通过鼠标左键拖动边线法兰箭头改变方向。

边线法兰参数如图 12-16 所示,单击"√"按钮完成底板及四边钣金设计。

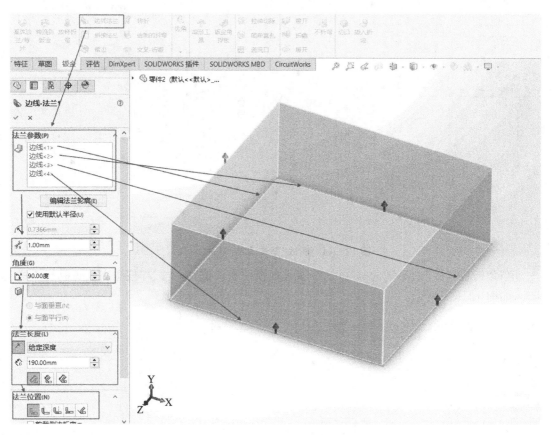

图 12-16　底板边线法兰参数

用相同的方法,继续通过"边线法兰"方法完成箱体与门板接触面的绘制。当边线法兰互相干涉的时候,SOLIDWORKS 会自动设置边界躲开干涉部分,边线长度输入"20.00 mm",完成结果如图 12-17 所示。单击"√"按钮完成箱体钣金部分设计,如图 12-18 所示。

为了在底板为箱体绘制安装板支架,需要展开钣金。选择"钣金"菜单的"展开"按钮,在参数对话框中选择箱体内部底面为"固定面",在"要展开的折弯"选项中通过单击"收集所有折弯"选择本元件全部折弯,操作方法如图 12-19 所示。

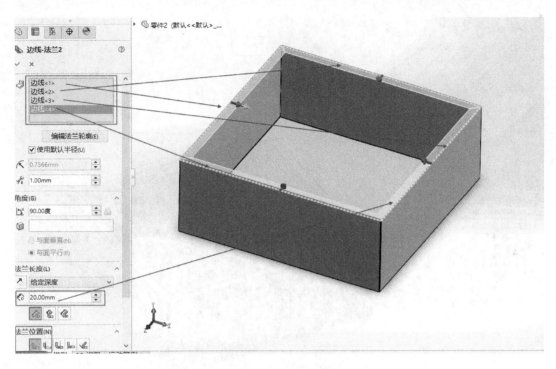

图 12 - 17　自动设置边界

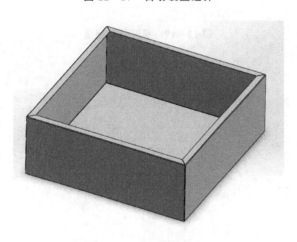

图 12 - 18　完成箱体钣金部分设计

单击"√"按钮完成钣金部分的展开,展开图如图 12 - 20 所示。

在底板绘制安装钉首先要确定安装钉的平面,右击底板平面,在弹出的快捷菜单中选择"正视于",如图 12 - 21 所示。

在底板绘制 4 个直径为 10 mm 的圆。在左上角绘制直径为 10 mm 的圆,用智能标注的方法定义距离左侧 50 mm,距离上边 50 mm。使用"线性草图阵列"功能定义另外 3 个圆形位置,间隔 400 mm 分布在底板四角,如图 12 - 22 所示。

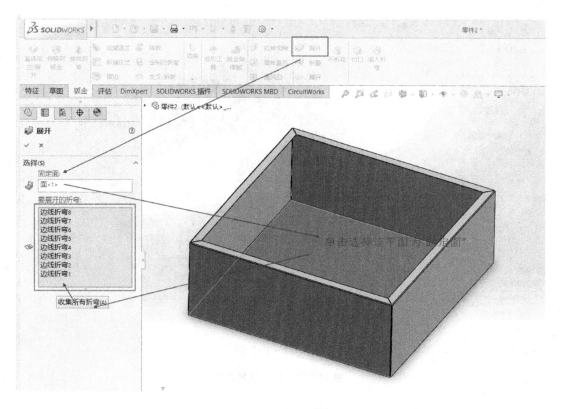

图 12-19　展开机箱钣金

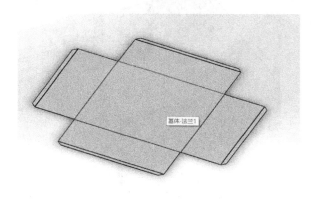

图 12-20　底板钣金展开图

单击"√"按钮完成安装钉草图绘制。

在编辑界面,选中该草图,选择"特征"菜单栏的"拉伸凸台/基体"按钮,如图 12-23 所示。

在凸台参数设置菜单栏,设定拉伸深度为"20 mm",单击"√"按钮完成安装钉设计,如图 12-24 所示。

回到"钣金"设计菜单栏,选择折叠功能,和前文类似选择"固定面"和"收集所有折弯",完成箱体主体部分内容,如图 12-25 所示。

文件保存在 CHP12 文件内,命名为"1050500_箱体"。

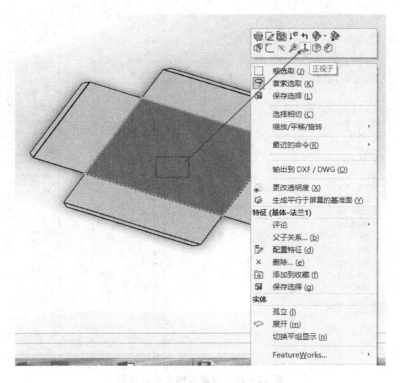

图 12-21　"正视于"底板视角设定

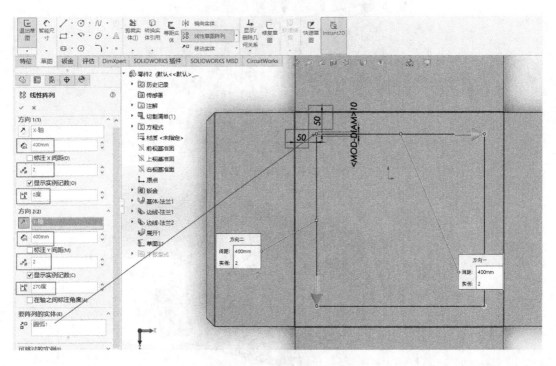

图 12-22　底板安装钉草图

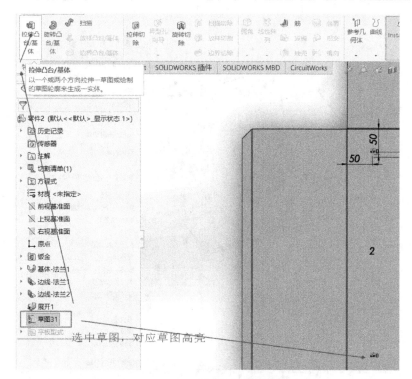

图 12 - 23　设定拉伸安装钉草图

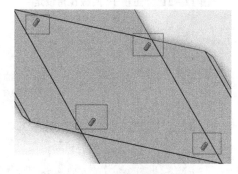

图 12 - 24　完成底板安装钉

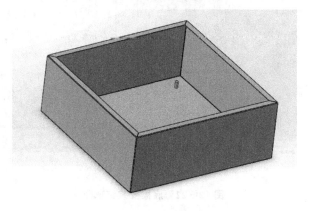

图 12 - 25　完成箱体

12.2.4　钣金设计——绘制门板和安装板

与箱体设计步骤相同,只是在第一次边线法兰设定深度的数据为 20 mm,不再在底板安装"安装钉",完成结果如图 12-26 所示。

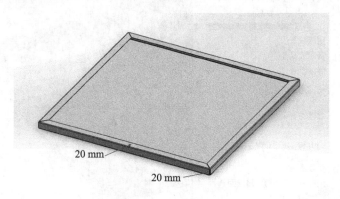

图 12-26　完成门板

门板文件保存在 CHP12 文件内,命名为"1050500_门板"。

"安装板"零件使用"基体法兰"功能,并在完成的基体法兰上开孔,用于与底板配合。

查看 AE 箱样本,可得到安装板宽度为 449 mm,高度为 470 mm,板厚为 2.5 mm,如图 12-27 所示。

宽度 (B1) mm	每包	380	380	400	400	500
高度 (H1) mm		600	600	500	800	500
深度 (T1) mm		210	350	210	300	210
安装板宽度 (F1) mm		334	334	354	349	→ 449
安装板高度 (G1) mm		570	570	475	770	→ 470
安装板厚度 mm		2.5	2.5	2.0	2.5	→ 2.5
型号 AE	1个	1038.500	1338.500	1045.500	1037.500	1050.500
重量 (kg)		15.6	19.4	13.0	26.2	16.8

图 12-27　安装板参数

新建"零件",绘制安装板草图,宽度设定为 449 mm,高度设定为 470 mm,并利用"基体法兰/薄片"功能设计厚度为 2.5 mm 的安装板。单击安装板正面,选择"正视于",切换视角,完成的安装板如图 12-28 所示。

在草图基准面居中绘制 4 个直径为 10 mm 的圆形,用于为安装板开孔。

在安装板竖向和横向分别绘制中心线,便于居中放置安装孔,如图 12-29 所示。

在竖直中心线左侧 200 mm,水平中心线上 200 mm 的位置绘制直径为 10 mm 的圆形,并通过线性草图阵列完成另外 3 个圆形的绘制,如图 12-30 所示。

单击"√"按钮完成草图绘制。在设计界面,选择该草图,在"特征"菜单栏选择"切除-拉伸"按钮,进入"拉伸切除参数设置"对话框,选择"完全贯穿",如图 12-31 所示。

单击"√"按钮完成安装板设计,安装板文件保存在 CHP12 文件内,命名为"1050500_安装板"。

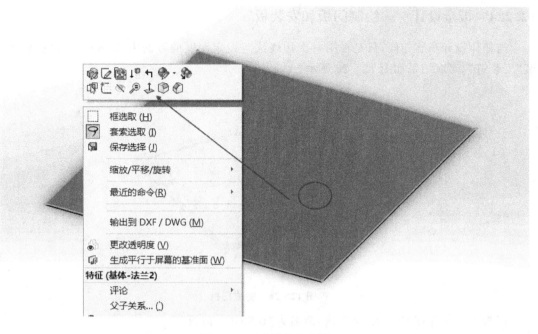

图 12-28 完成的安装板

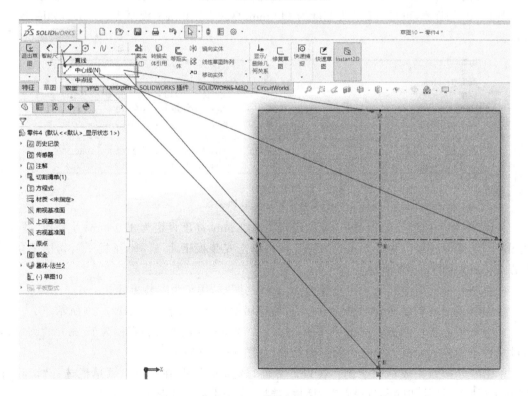

图 12-29 安装板中心线

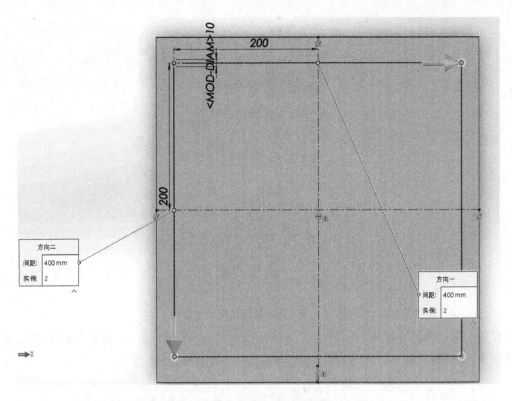

图 12-30　安装板开孔阵列

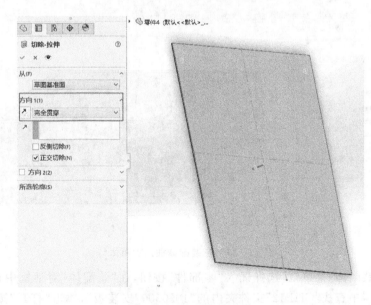

图 12-31　安装板开孔

12.2.5　钣金设计——装配 AE 箱

新建装配体文件,单击"浏览"按钮,如图 12-32 所示。

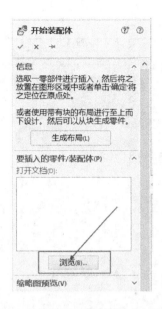

图 12 - 32　选择装配体第一个部件

在资源浏览器中查找"CHP12"文件夹内的"1050500_箱体",单击"打开"按钮,用鼠标拖动该部件,在编辑界面单击鼠标放置"1050500_箱体",如图 12 - 33 所示。

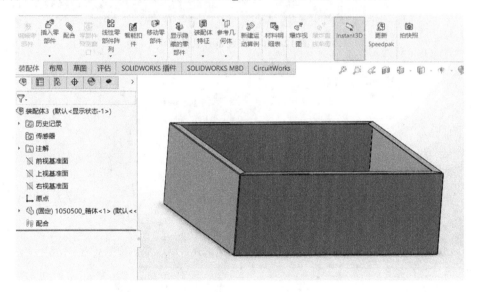

图 12 - 33　在装配体插入主箱体

继续单击"装配体"菜单栏,选择插入"零部件"按钮,在"装配体"对话框中选择"浏览"按钮,在资源浏览器中查找"CHP12"文件夹内的"1050500_安装板",单击"打开"按钮,用鼠标拖动该部件,在编辑界面任意位置单击鼠标放置"1050500_安装板",如图 12 - 34 所示。

通过单击"装配体"菜单栏的"配合"按钮,对"安装板"与箱体进行装配。

在弹出的"装配参数"界面上,单击"配合选择"区域,然后单击选择安装板左上侧孔的内壁和机箱的安装钉外壁,如图 12 - 35 所示。

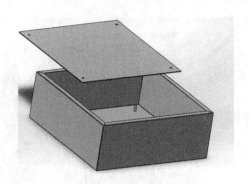

图 12 - 34　插入安装板

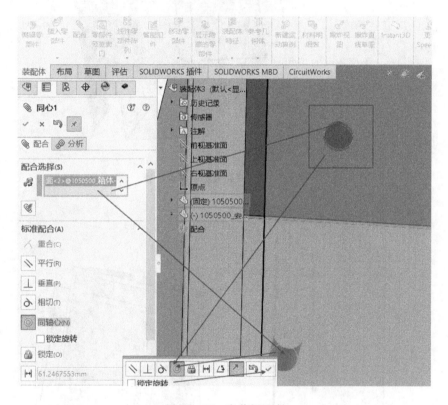

图 12 - 35　安装钉配合

系统自动认为是"同心"配合,单击"√"按钮完成安装板开孔和底面安装钉同心配合;继续单击底板的底侧面和机箱底板的前面,系统自动认为是"重合"配合。在实际应用中,底板并不是和安装板紧贴在一起的,所有要修改配合样式为间距,如图 12 - 36 所示。

单击"√"按钮完成安装板装配,如图 12 - 37 所示为完成安装板装配。

继续单击"装配体"菜单栏,选择插入"零部件"按钮,在"装配体"对话框中选择"浏览"按钮,在资源浏览器中查找"CHP12"文件夹内的"1050500_门板",单击"打开"按钮,鼠标拖动该部件,在编辑界面任意位置单击鼠标放置"1050500_门板",如图 12 - 38 所示。

通过单击"装配体"菜单栏的"配合"按钮,对门板与箱体进行装配。

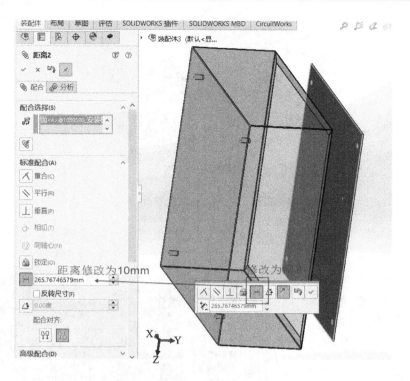

图 12-36　安装板定位深度设置

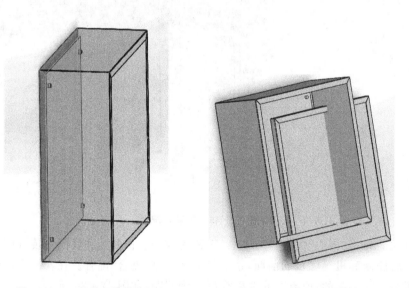

图 12-37　完成安装板装配　　　　**图 12-38　插入门板部件**

在弹出的"装配参数"界面上,单击"选择配合"区域,然后单击选择门板边线法兰和箱体边线法兰点。如图 12-39 所示为门板安装第一个配合点。

单击"√"按钮完成第一点匹配。如图 12-40 所示为选择配合边线。

配合特征默认为重合,单击"√"按钮完成门板装配,如图 12-41 所示。

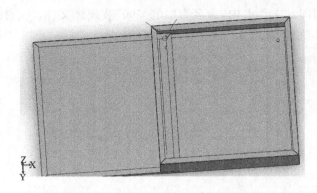

图 12 - 39 门板安装第一个配合点

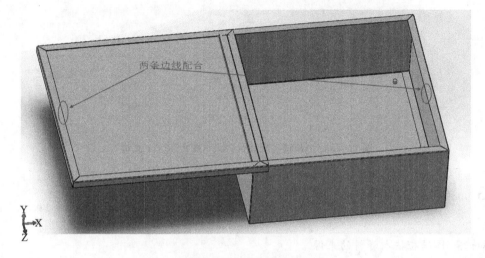

图 12 - 40 选择配合边线

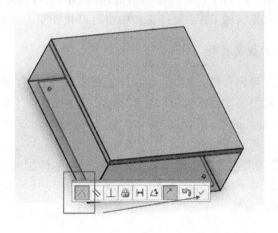

图 12 - 41 完成门板装配

文件保存在"CHP12"文件夹内,命名为"1050500"装配体文件。文件继续另存为后缀为STEP 的 AP214 版本文件,如图 12 - 42 所示。

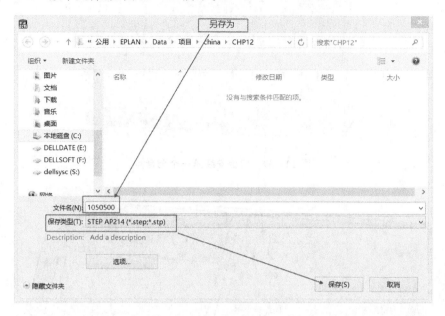

图 12 - 42　AE 箱装配体另存为 STEP AP214 文件

12.3　知识点总结

知识点 1:箱柜技术资料的来源

常规的机柜可以使用 EPLAN Pro Panel 软件内置部分,也可以通过互联网在对应官方网站进行下载。从部分厂家提供的 CAX 设计文档中也可以找到相关箱柜资源。

知识点 2:简单箱体的钣金设计

如果没有找到现成的箱柜资料,读者也可以自己通过 3D 的软件进行绘制。

本章讲解了设计过程中使用到的"基体法兰/薄片"、"边线法兰"的基本概念;结合第 11 章讲述的"拉伸凸台"和"拉伸切除"方法,绘制箱体的钣金件;最后在新建装配体中利用完成的钣金部件组装成机箱。

需要说明的是,本章所讲述的内容距离真实钣金加工制造的工艺差得还是很多的,目的只是给广大电气工程师提供一个简单的用于 Pro Panle 的机柜设计方法,不会因为在没有现成 3D 柜体模型的条件下无法继续工作。

第 13 章　部件 3D 宏定义

13.1　内容介绍

EPLAN 部件库中的部件具备很多属性,这些特征如果没有使用,那么这些属性是否配置或者正确与否意义都不大。比如在 EPLAN P8 的平面设计中,相关 3D 宏部分的属性就无关紧要。但是在 EPLAN Pro Panel 的设计中,有关 3D 的属性就尤其重要。也就是说,3D 的信息一定要正确,才能完成 EPLAN Pro Panel 的设计。

所有有关部件 3D 的信息基本上都加载到部件库部件指向到的 3D 宏文件上,该文件为部件提供了机械安装方面和接线位置方面的信息。我们做部件的 3D 宏,也是从这两方面入手进行定义的。

本章就以第 11 章完成的插座为例,对模块化插座的 3D 文件进行导入,使之成为可以被 EPLAN Pro Panle 应用的 3D 宏文件。

13.2　实例操作

13.2.1　文件位置规划

在开始 3D 宏文件编写前,先建议学习一下文档目录的结构。文档保存习惯对于每个人、每个公司都不同,也不强求一致,这里的文件位置的规划只是作者的建议。

知识点 1:文件分类

(1) 机械文件

机械文件为自己制作的机械 3D 文件或者是从其他渠道获得的被 EPLAN 使用的机械文件,该文件建议保存在主数据内"机械模型\绘图者公司名称\部件厂家名称"文件夹内。

本书将相关分解保存在"CHP13\机械文件"文件夹内。

(2) 宏项目文件

EPLAN 除了从原理图中直接保存部分图形为宏文件外,还支持从宏项目中制作宏。因此如果需要系统地制造、管理宏,建议使用宏项目方式制作宏。宏项目默认保存在主数据内"项目\绘图者公司名称\宏项目"文件夹内。

本书将宏项目保存在"CHP13\项目\宏项目"文件夹内。

(3) 3D 宏文件

EPLAN 将宏文件默认保存在主数据内"项目\绘图者公司名称\部件厂家公司名称\产品类别\产品序列"文件夹内。命名规则建议图形宏使用部件编号,3D 宏使用相同部件编号外加"(3D)"组合,便于识别。如图 13-1 所示为 3D 宏名称建议。

图 13-1　3D 宏名称建议

13.2.2　新建宏项目

首先将 3D 宏项目保存在"CHP13\宏"文件夹内,便于课程应用。

复制第 11 章制作的文件"零件 11_1"到"CHP13\机械文件"文件夹内。

打开 EPLAN Pro Panel,新建项目,在弹出的"创建项目"对话框内设置项目名称和保存位置。如图 13-2 所示为模块插座宏项目名称和保存位置。

图 13-2　模块插座宏项目名称和保存位置

知识点 2:"宏项目"的设置

单击"确定"按钮后新建项目,弹出"项目属性"对话框。注意在"属性名"栏的"项目类型"文本框内,项目类型由"原理图项目"切换为"宏项目",如图 13-3 所示。

其他内容保持默认参数,单击"确定"按钮,完成宏项目建立。

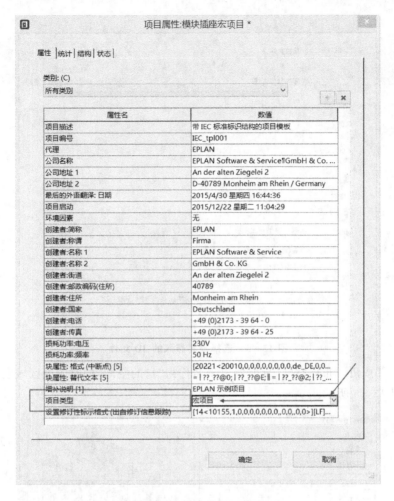

图 13 - 3　设置宏项目属性

13.2.3　导入 3D 文件

第一步:导入操作。

单击"布局空间"菜单栏,选择"导入(3D 图形)"命令,如图 13 - 4 所示。

图 13 - 4　选择"导入(3D 图形)"命令

在弹出的"资源浏览器"对话框内选择"CHP13\机械文件"文件夹内"零件 11_1. STEP"文件,如图 13 - 5 所示。

图 13-5 选择需要导入的 3D 文件

单击"打开"按钮,"布局空间"导航器出现名称为"1"的空间,同时图纸区域展开"1"空间的 3D 图形,如图 13-6 所示。

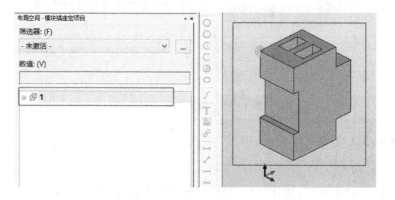

图 13-6 新建部件空间并导入 3D 模型

修改"名称"、"宏名称",便于后续增加宏内容的编辑和整理。

"名称"修改:

为便于后续项目的识别,需要将该空间名称修改为"模块化插座"。

"宏名称"修改:

宏名称命名为"模块化插座(3D)"。

注意此处一定要深入"宏名称",因为后续在"项目数据"→"宏"→"自动生成"的操作中,不会提示每个宏的保存名称和参数,容易出错。

相关修改内容如图 13-7 所示。

第二步:合并操作。

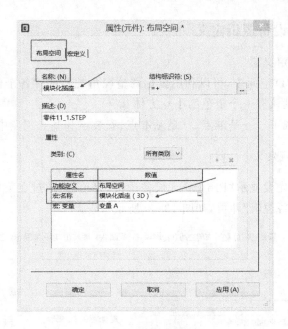

图 13 - 7　修改空间名称和宏名称

本次导入的 3D 部件是由唯一的一个部件组成的,因此不需要合并。当导入 3D 部件是由多个 3D 部件组成的装配体,而且在后续的 EPLAN Pro Panel 中不再分别应用不同的部分(在电箱中就需要单独定义不同组件的不同功能,如门板和安装板等)时,就可以对多个组成部分进行合并。

知识点 3:合并操作

首先在 3D 空间选择需要合并的部件,或者在"3D 空间"导航器中选择期望合并的部件,然后单击"编辑"→"图形"→"合并",对选中的对象进行合并操作,如图 13 - 8 所示。

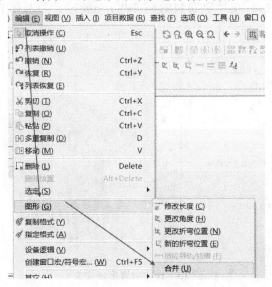

图 13 - 8　部件合并

13.2.4　Pro Panel 设备逻辑定义

第三步：部件逻辑定义。

合并好的部件在 3D 空间中，可以利用鼠标调整视角观察部件各个位置的细节，细心的读者可以看到部件边角默认有一个橙色的小立方体。

这个关键点又出现了——基准点。（是基准点、安装点和基点三点中的"基准点"。）

知识点 4：设备逻辑定义

编辑部件逻辑，首先要显示"Pro Panel 设备逻辑"菜单栏，通过在菜单栏右击，弹出快捷菜单，选中"Pro Panel 设备逻辑"即可，如图 13 - 9 所示。

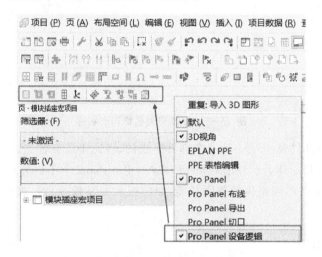

图 13 - 9　选中"Pro Panel 设备逻辑"菜单

单击放置区域按钮，放置区域按钮下沉后，鼠标附着该功能，单击部件将来需要安装放置的平面（部件安装的接触面，在导轨安装的部件里，一般定义为与导轨平面接触的平面），如图 13 - 10 所示。

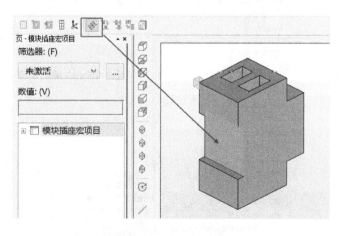

图 13 - 10　放置区域定义

单击确认平面后,在定义后的放置区域平面上会出现一个绿色平面,在放置区域会出现 9 个蓝色的点,这 9 个点也是基准点。

到目前为止,模块上出现了 10 个点,分别是 1 个橙色的基准点和 9 个蓝色的基准点。

(1) 用户自定义基准点

1 个橙色的基准点为"用户自定义基准点",称为"基准点"。

该基准点可以由用户自己定义,定义新的基准点后,则原基准点消失。用户也可以删除该基准点。

(2) 默认基准点

分布在放置区域的 9 个点称为"默认基准点"。调整"3D 视角上"视角,这 9 个点按从左到右、从下到上的顺序,分别称为"基准点(左上)"、"基准点(中上)"、"基准点(右上)"、"基准点(左中)"、"基准点(中)"、"基准点(右中)"、"基准点(左下)"、"基准点(中下)"、"基准点(右下)"。如图 13 - 11 所示为基准点和默认基准点。

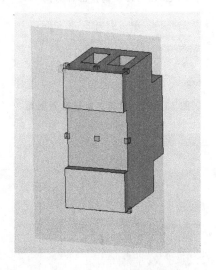

图 13 - 11　基准点和默认基准点

(3) 基准点的作用

这 10 个基准点的作用是将来用户在 3D 布局空间放置部件的时候与安装面放置的插入点,可以理解为种树时候的树根点。

在本案例中,一般放置模块插座总是放置在导轨上,很少会摆放在平面上,也就是"用户自定义基准点"用不到。为避免插入的时候添乱,此处可以删除掉"用户自定义基准点",单击该基准点,然后按 Del 键删除。

(4) 调整部件方向

默认定义 3D 宏经常会出现宏部件东倒西歪,且和预期的方向不一样的情况,这就需要在定义 3D 宏的时候确定好部件的姿态。

单击西南等轴视图,此时图纸左上角是将来安装板的上方向,右下角是下方向,左下角是左方向,右上角是右方向,如图 13 - 12 所示。

如果放置的姿态和前文描述的不同,就要使用"Pro Panel 设备逻辑"中的"翻转放置区域"和"旋转放置区域"命令并按要求填写参数,如图 13 - 13 所示。

此种情况使用翻转放置区域,如图 13 - 14、图 13 - 15 所示。

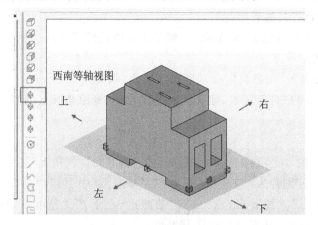

图 13 - 12 调整部件方向

图 13 - 13 翻转和旋转放置区域

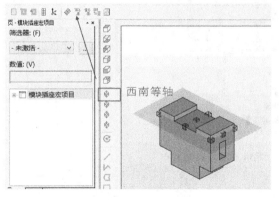

图 13 - 14 翻转放置前   图 13 - 15 翻转放置后

如果部件位置放置倾斜,就需要旋转调整部件,如图 13 - 16 所示。

单击旋转放置区域按钮并输入参数,即可完成旋转位置的调整,如图 13 - 17 所示。

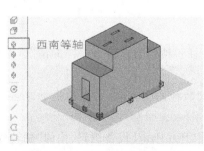

图 13 - 16 需要旋转调整的部件

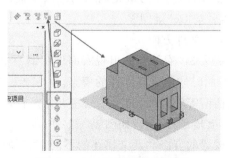

图 13 - 17 完成旋转位置调整

13.2.5　Pro Panel 接线点定义

与普通 3D 文件不同,EPLAN Pro Panel 的 3D 宏具备电气连接的定义信息,本小节涵盖这方面的内容。

知识点 5:电气连接点定义

定义顺序是在完成部件 3D 外形的定义后,对该部件的电气连接点进行定义。

观察该电气元件,在部件上端标识了字母 L、N 和 PE。如图 13-18 所示为部件接线点位。

对照 EPLAN 的图片,在 Pro Panel 宏文件中确定对应的电气连接点 N 和 L,如图 13-19 所示。

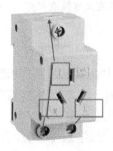
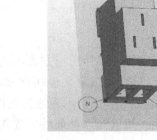

图 13-18　部件接线点位　　**图 13-19　确定连接点位置**

放置连接点有两种方式。

方式一:

选择"编辑"→"设备逻辑"→"连接点排列样式"→"定义连接点"菜单项,如图 13-20 所示。

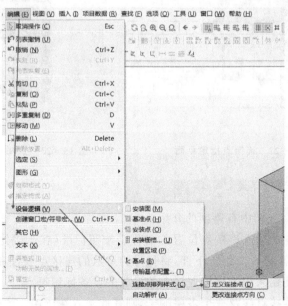

图 13-20　定义接线点菜单选择

方式二：

在快捷工具栏激活"Pro Panel 设备逻辑"工具栏，可以通过单击"定义连接点"操作进行连接点定义，如图 13-21 所示。

图 13-21　快捷工具定义连接点

选取"定义连接点"：

● 选择定义连接点功能。选择任一方法，激活"定义连接点"功能。

● 为该连接点指定平面，用以定义连接点方向。在定义连接点前先要选择平面，以定义连接点方向。如图 13-22 所示为连接点指定平面。

● 捕捉连接定义点。用鼠标选择部件的连接点（注意要设置"开关捕捉"为有效）。如图 13-23 所示为选择连接定义点。随后弹出"属性（元件）：部件放置"对话框，如图 13-24 所示。

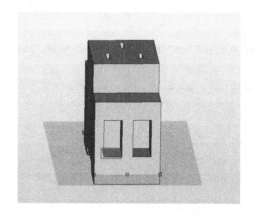

图 13-22　连接点指定平面

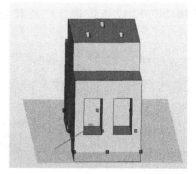

图 13-23　选择连接定义点

知识点 6：连接点排列样式

相关内容在"帮助"文档中有逐项的介绍。

● 连接点代号：在此输入连接点位置的名称。按照标准（在未确定任何位置时），将代号为偶数的连接点放置在组件下部，将代号为奇数的连接点放置在组件上部。

● 插头名称：在此输入用于连接连接点的插头的设备标识符。

● 端子层：如果连接点涉及一个多层端子，则在此录入端子层。

● 内部/外部索引：为连接点排列样式中的一个连接点确定其代表第几个内部或外部连

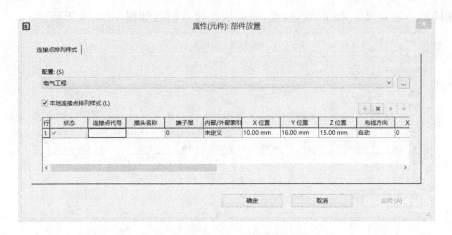

图 13 - 24 "属性(元件):部件放置"对话框

接点。

- X 位置/Y 位置/Z 位置:在此框中确定连接点的位置。
- 布线方向:从此下拉列表中选择可能的连接点方向,如"自动"、"向上"、"向下"、"向左"或"向右"。
- X 向量/Y 向量/Z 向量:在这些框中针对连接点的连接方向确定其方向向量的纵向分量。由此可以指定一个任意的空间方向。这些值描述向量指向相应轴的方向的优先级。
- 线长裕量:在此输入连接点位置的长度增加值。
- 连接方式:在此下拉列表中选择用于准确确定连接的连接点类型的默认值,例如螺钉夹紧连接或弹簧夹紧连接。
- 接线能力:在此框中可以针对螺栓连接以及螺纹、螺纹接头和插头连接指定螺栓尺寸(例如 M6)或连接板尺寸(例如 4.8×0.5)。
- 最小截面积/直径/最大截面积/直径:在此输入可以与连接点连接的最小导线截面积和最大导线截面积的值。
- 最大连接数量:在此输入可连接导线的最大数量。
- 规定了双层套管:通过此复选框确定,当此连接点上有两个连接时,是否应使用双层套管。

作为入门层面的应用,我们需要关注以下几个重点内容:

- 本地连接点排列样式自动转化为有效状态。
- 状态栏处于绿色"√"状态。
- 在"连接点代号"中,填写"N","插头名称"中不填写内容。
- ◆ X 位置/Y 位置/Z 位置中的数字是之前在 3D 空间中点击选择点的 3D 坐标值。
- ◆ 连接方式选择"单个螺钉加紧连接"。

其他内容暂时不填写。

注意 1:对具备包含插头的连接点设备,需要在此处填写对应连接点所属的插头。如果连接点有端子的属性,还可以在此配置相关端子层和内外部索引的信息。

注意 2:此处的连接点代号必须和原理图中的连接点代号相同。

用相同的方法定义 L 和 PE 连接点,完成后连接点信息如图 13-25 所示。

行	状态	连接点代号	插头名称	端子层	内部/外部索引	X 位置	Y 位置	Z 位置	布线方向	X
1	✓	N		0	未定义	10.00 mm	16.00 mm	15.00 mm	自动	0
2	✓	L		0	未定义	26.00 mm	16.00 mm	15.00 mm	自动	0
3	✓	PE		0	未定义	18.00 mm	64.00 mm	15.00 mm	自动	0

图 13-25　模块插座的连接点列表

视图菜单中,如果"连接点代号"被选中,则连接点代号视图显示如图 13-26 所示。

如果有模型的连接点被定义,则视图空间中的 3D 图形透明模式被激活,被定义的连接点以红色立方体的形式进行显示,在每个连接点上都会有连接点代号显示。L 和 N 的连接点可在如图 13-27 所示的图中见到。

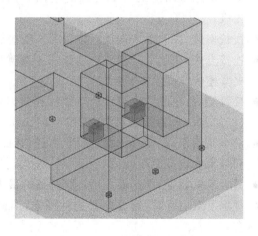

图 13-26　连接点代号视图显示　　　**图 13-27　连接点代号显示**

连接定义点的位置一定要与器件实际接线点一致,否则会导致制线加工信息不准确。调整方法是通过修改"连接点排列样式"对话框中"X 位置/Y 位置/Z 位置"来实现。

13.2.6　宏文件保存

在 13.2.3 小节中已经在"布局空间"为所导入的"模块化插座"空间指定生成宏的文件路径和文件名。

通过菜单生成 3D 宏。选择"项目数据"→"宏"→"自动生成"菜单项,生成宏菜单操作,如图 13-28 所示。

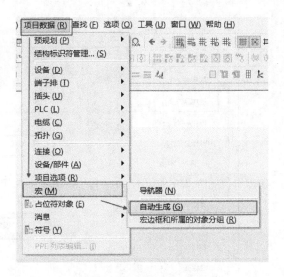

图 13 - 28　生成宏菜单操作

系统弹出"自动生成宏"消息框,单击"否"按钮完成宏的生成,如图 13 - 29 所示。

注意:

- 如果选择"否"按钮,则表示用户此处生成宏的范围只是针对当前选中的目标对象进行的。当前宏项目中未选择的对象不进行宏的生成动作。此选项多用于某个宏项目中有很多宏对象的情况下,如果全部生成会耗费时间和计算机资源,因此只生成所选择的对象。
- 如果选择"是"按钮,则表示所选对象的宏项目内所有的宏全部生成一遍。

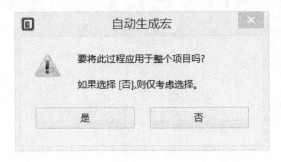

图 13 - 29　"自动生成宏"提问

13.2.7　新建立 AC30 部件

在部件库中建立插座部件,其部件常规信息如图 13 - 30 所示。

插座安装数据信息如图 13 - 31 所示。此处图形宏文本框需要填写本文 3D 宏的路径和文件名。插座的功能模板信息为部件准备了功能定义和连接点代号,这个连接点代号在进行部件设计的时候,会带入到原理图部件设计的符号中。(如果不在功能模板定义,之后在原理图编辑中定义连接点编号也是可以的。)如图 13 - 32 所示为插座功能模板信息。

完成的部件导出文件"AC30.ema"可以在参考文件夹"部件导出"中获得。

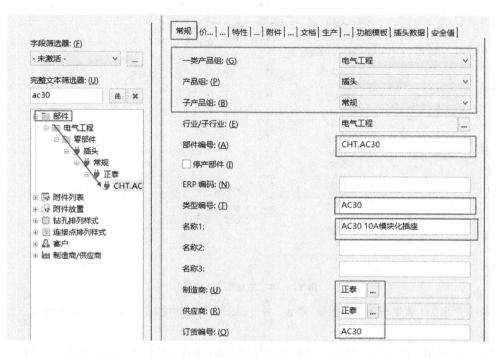

图 13 - 30   插座部件常规信息

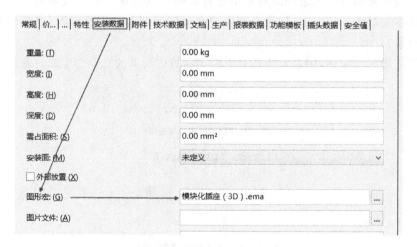

图 13 - 31   插座安装数据信息

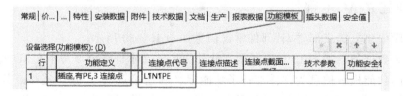

图 13 - 32   插座功能模板信息

13.2.8　切口加工信息应用

知识点 7：切口机械信息

3D 电气部件除了在导轨进行安装（如导轨端子安装）外，还有一些部件需要在被安装平面进行开孔攻丝等操作，有两种方法把这些机械加工的信息赋予到安装板或面板上。

方法一：直接在安装板的安装面上插入"切口"。

方法二：在布放电气部件的时候，把部件所附带的加工信息传输到安装板的安装面上。

这些机械加工的信息可由用户定义并保存在部件库的"钻孔排列样式"中。部件可以链接一个具体的钻孔排列样式，并在 3D 布放的时候应用它们。

比如在安装塑壳断路器到安装板时，要把塑壳断路器需要的开孔图"切口"在安装板的安装平面进行加工，便于设备的安装。

选择"工具"→"部件"→"管理"进入部件编辑界面。

在文件夹中导入部件"SIE. 3VA1112-1AA32-0AA0"和相关 3D 宏。

这个西门子塑壳断路器不是安装在导轨上，而是安装在安装板上，为了把这些机械信息赋予到部件上，需要做以下工作：

① 查找机械图纸，确定机械特征。

② 根据部件机械特征，编写"钻孔排列样式"并保存名称为"SIE. 3VA1112"的钻孔样式。

③ 为部件"SIE. 3VA1112-1AA32-0AA0"关联钻孔样式特征。

机械特征如图 13 - 33 所示，4 个开孔的直径为 5 mm。

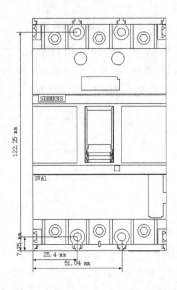

图 13 - 33　3VA1112 安装孔机械特征

进入部件管理器，右击"钻孔排列样式"，选择弹出的"新建"按钮，建立"SIE. 3VA1112"钻孔样式，填写"名称"和"描述"，如图 13 - 34 所示。

在"接口"特征卡填写 4 个开孔的位置，图形布置的基点是部件的左下角。如图 13 - 35 所示为"接口"特征卡。

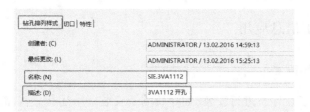

图 13 - 34　钻孔排列样式命名

行	钻孔类型	子类型	轮廓线名称	X 位置	Y 位置	角度	第一个尺寸	第二个尺寸	第三个尺寸	重复间距	终端距离	每n个洞钻孔	始终执行
1	钻孔	未定义		25.40 mm	7.75 mm	0.00°	5.00 mm	0.00 mm	0.00 mm	0.00 mm	0.00 mm	1	☐
2	钻孔	未定义		51.04 mm	7.75 mm	0.00°	5.00 mm	0.00 mm	0.00 mm	0.00 mm	0.00 mm	1	☐
3	钻孔	未定义		25.40 mm	122.25 mm	0.00°	5.00 mm	0.00 mm	0.00 mm	0.00 mm	0.00 mm	1	☐
4	钻孔	未定义		51.04 mm	122.25 mm	0.00°	5.00 mm	0.00 mm	0.00 mm	0.00 mm	0.00 mm	1	☐

图 13 - 35　"接口"特征卡

完成钻孔样式后,重新选择部件"SIE.3VA1112-1AA32-0AA0",在"生产"标签栏,选择刚刚完成的"SIE.3VA1112"样式,应用后完成钻孔样式的绑定,如图 13 - 36 所示。

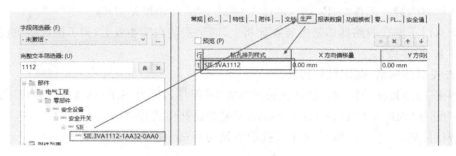

图 13 - 36　加载钻孔样式

在生成 3D 宏的时候,注意要激活"＜36014＞组件需在安装面上钻孔"。如果是从其他途径复制来的 3D 宏,则需要在插入该部件后,使"＜36014＞组件需在安装面上钻孔"为有效,才能在安装面生成对应的开孔等加工信息。如图 13 - 37 所示为激活安装面开孔属性。

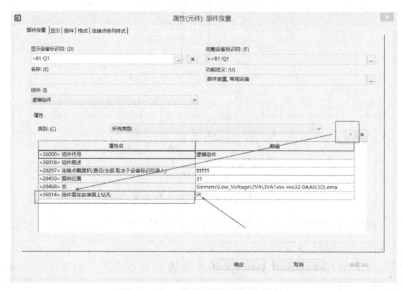

图 13 - 37　激活安装面开孔属性

　　可以打开第 8 章完成的项目,在原理图中插入"SIE.3VA1112-1AA32-0AA0",并在 3D 布局空间安装板插入部件。如图 13 - 38 所示为插入 3VA 的 3D 部件。

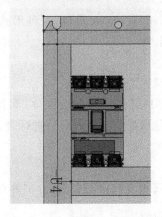

图 13 - 38　插入 3VA 的 3D 部件

　　之后可以通过"工具"→"报表"→"机械加工"→"钻孔样板"导出安装板的 PDF 钻孔样板文件,完成结果如图 13 - 39 所示。

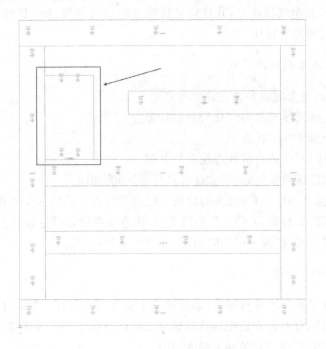

图 13 - 39　钻孔样板

13.3　知识点总结

知识点 1:文件分类

　　EPLAN 为文件推荐了对应的保存位置,本书为读者推荐了 3D 宏制作相关文件的保存位置,分别是"机械文件"、"宏项目文件"、"3D 宏文件"的保存位置。

知识点 2:"宏项目"的设置

EPLAN 项目可以以"原理图项目"和"宏项目"两种形式出现,当被用于编辑和处理"宏"的时候,需要以"宏项目"的形式出现。

知识点 3:合并操作

当导入的 3D 部件是由多个 3D 部件组成的装配体,而且在后续的 EPLAN Pro Panel 中不再分别应用不同的部分时,就需要对多个组成部分进行合并。

知识点 4:设备逻辑定义

导入的 3D 部件需要能按照安装方式调整姿态,分别通过"翻转"、"旋转"等动作调整好将来需要布置的姿态。

知识点 5:电气连接点定义

除了为 3D 部件提供基本的机械属性定制外,还需要对该模型的电气属性进行设置。

在 3D 部件上放置电气连接点,并且定义连接点的电气特性,使 3D 部件除了具备机械特征之外,还具备电气相关的属性。

知识点 6:连接点排列样式

连接点排列样式定义时需要关注几个重点:
● 本地连接点排列样式自动转化为有效状态。
● 状态栏处于绿色"√"状态。
● 在"连接点代号"中填写部件连接点的名称。
● 原理图中的连接点代号必须与"连接点代号"中的相同。
● 在"插头名称"中填写包含插头的设备上对应连接点所属的插头名称。
● 调整"X 位置/Y 位置/Z 位置"中的数字,使连接点位置尽量接近实物。
● 端子部件需要配置"端子层"和"内部/外部索引"的信息。

知识点 7:切口机械信息

3D 电气部件除了在导轨进行安装(如导轨端子安装)外,还有一些部件需要在被安装平面进行开孔攻丝等操作,有两种方法把这些机械加工的信息赋予到安装板或面板上。

方法一:直接在安装板的安装面上插入"切口"。

方法二:在布放电气部件的时候,把部件所附带的加工信息传输到安装板的安装面上。

这些机械加工的信息可由用户定义并保存在部件库的"钻孔排列样式"中。部件可以链接一个具体的钻孔排列样式,并在 3D 布放的时候应用它们。

第 14 章 箱体结构 3D 宏定义

14.1 内容介绍

箱柜是 EPLAN Pro Panel 的关键部件,需要对不同的部件或者组件进行相关特征的定义。

14.2 实例操作

14.2.1 导入 3D 箱柜部件

复制第 13 章的文件,另存为"CHP14"的宏项目文件夹内的"箱柜宏项目",用于对箱柜项目的编辑。

复制第 12 章完成的箱柜文件"1050500.stp"到"CHP14"机械文件夹中。

在"箱柜宏项目"中依次单击"布局空间"→"导入 3D 图形"。选择本章机械文件夹中的"1050500.stp"文件,完成后如图 14 - 1 所示。

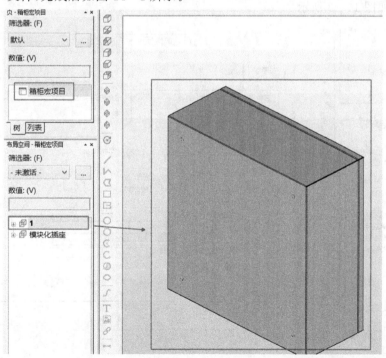

图 14 - 1 导入箱体

知识点 1：3D 导入细节设置

EPLAN 在导入 3D 文件的时候，可以通过对项目管理中的 3D 导入进行细节设置，进而得到高细节（较大文件）或者低细节（较小文件），实现精细度和高效率的平衡。如图 14-2 所示为配置导入分辨率。

图 14-2 配置导入分辨率

14.2.2 定义空间名称

复制第 13 章文件，另存为"CHP14"的宏项目文件夹内的"箱柜宏项目"。默认的导入空间自动命名为"1"，右键单击空间"1"，单击"属性"，激活"属性（元件）：布局空间"对话框，在对话框中将命名空间名称修改为"威图 AE 箱 1050500"，宏名称输入为"威图 AE 箱体 1050500（3D）.ema"，如图 14-3 所示。

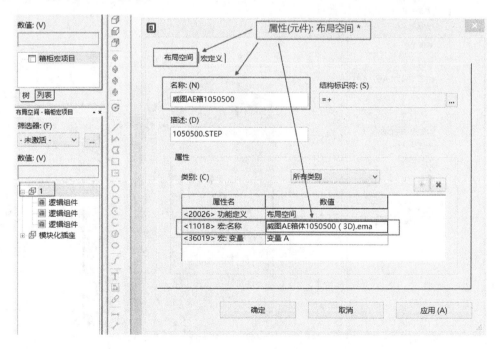

图 14-3 为箱体空间命名

14.2.3　定义箱体设备逻辑

按照之前的章节,通过 Pro Panel 设备逻辑的"定义放置区域"、"旋转放置区域"等动作调整箱体位置,放置区域设定到箱体底部,删除默认基准点。如图 14-4 所示为定义箱体设备逻辑。

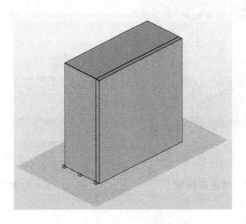

图 14-4　定义箱体设备逻辑

14.2.4　为箱柜组件指定功能

知识点 2:箱柜组件指定功能

1. 设定箱柜本体

在 3D 空间中选中箱体外壳,如图 14-5 所示。

右击外框,在属性对话框编辑功能定义,选择"机械"→"箱柜系统"→"箱柜"→"箱柜本体"功能,如图 14-6 所示。

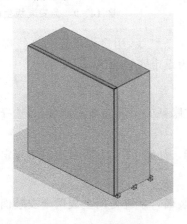

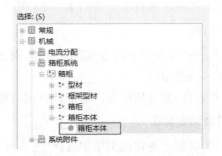

图 14-5　箱体外壳　　　　图 14-6　设定"箱柜本体"功能

2. 设定安装板

右击门板,在弹出的快捷菜单中选择"隐藏"功能。

选择箱柜安装板,如图 14-7 所示。

同样为安装板设定"安装板"功能,如图 14-8 所示。

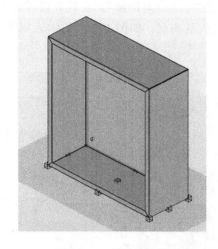

图 14-7　箱柜安装板　　　　　图 14-8　设定"安装板"功能

知识点 3:安装面设置

3. 为安装板生成安装面

安装板多用于放置其他部件,因此需要为此箱体安装板部件生成用于安装的安装面。

右击安装板,在弹出的快捷菜单中选择生成"安装板",如图 14-9 所示。

4. 为安装面设定区域大小

所有的安装面都需要设定区域,设定区域后的安装面才允许在安装面上赋予"切口"机械加工信息,凡是没有设定安装面区域的安装面都不会输出机械切口图。

右击"安装板正面",选择"直接激活"命令。

图 14-9　为安装板生成安装面

继续右击"安装板正面",选择"区域大小"命令,此时3D 布局空间出现安装板正面,在安装面四周出现 4 条红线,用户可以拖动红线确定安装面区域,空格键可以结束区域设定。如图 14-10 所示为设定安装面区域。

5. 设定门板

在"布局空间"导航器中双击"箱柜"对象,刚才隐藏的门部件呈显示状态,选择门对象。如图 14-11 所示为箱柜门。

右击门板部件,通过属性为门板部件分配功能。如图 14-12 所示为门功能定义。

6. 为门增加安装面

右击"门",在弹出的快捷菜单中选择"生成安装面",系统为门生成两个安装面,分别是"外部门"和"内部门",如图 14-13 所示。

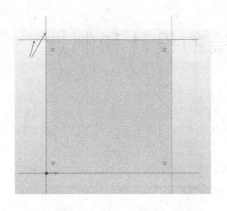

图 14-10　设定安装面区域

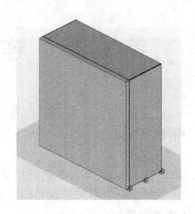

图 14-11　箱柜门

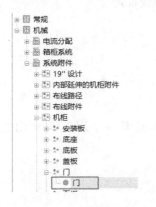

图 14-12　门功能定义

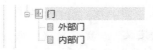

图 14-13　"外部门"和"内部门"

如果需要在门板进行开孔和切口操作,则应在安装面上定义区域大小。

全部完成后通过"项目数据"→"宏"→"自动生成"完成箱柜宏的设定。

14.3　知识点总结

知识点 1:3D 导入细节设置

通过项目管理中对 3D 导入细节的设置,实现部件精细度、文件大小以及高效率的平衡。

知识点 2:箱柜组件指定功能

为箱柜不同组件定义相应功能,重点需要了解安装板、门的安装面设定以及对应安装面区域大小的设定。

知识点 3:安装面设置

只有为组件生成安装面后,才能放置部件。

第 15 章 连接的设计和制造

15.1 内容介绍

- EPLAN Pro Panel 原理图连线的讲解；
- 在 3D 空间布局中讲解部件布线方向的设置；
- 布线路径设置和显示；
- 为线槽指定"筛选器"，用于强弱电等线槽的布线设定。

15.2 实例操作

15.2.1 原理图中的线路定义

打开"CHP15"文件夹内的"demo15_1"项目文件，这是一个用于学习 EPLAN Pro Panel 的小型项目文件。

知识点 1：线路的定义

1. 电位定义

原理图中，在"+B1/10"页的左下方是电源进线，分别为"－X1:1～－X1:5"提供的电位进线命名，选择菜单中的"插入"→"电位连接点"命令，从左到右的电位名称分别是 L1、L2、L3、N 和 PE，如图 15 - 1 所示。

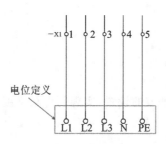

图 15 - 1 进线电位定义

它们的电位类型分别是 L、L、L、N 和 PE，如图 15 - 2 所示。

定义电位类型的目的主要是用于电气系统中对错误的检查（如在原理图中错误的电气连接都可以在消息检查中展示出来），以及在 3D 布线中不同电位类型的独立放置（如线槽中强电和弱电要求分不同线槽走线）。

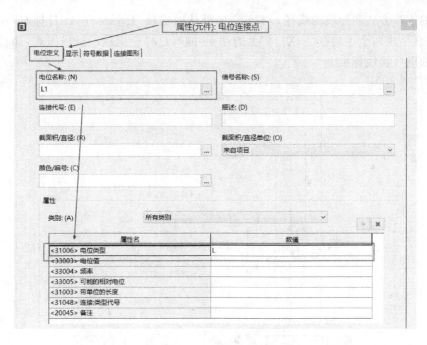

图 15-2　电位类型属性值

2. 对连接的属性定义

在原理图中需要对电气连接的属性进行约定,如相关的颜色和线径。如图 15-3 所示为连接属性定义,在连接定义中 BK 表示黑色,TQ 表示天蓝色,GNYE 表示黄绿色。连接下边的数字"2.5"标识该连接的线径。原理图中定义的属性值会自动传递到 3D 空间的连接信息中。

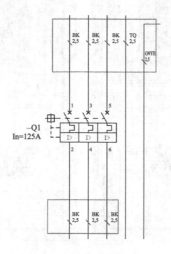

图 15-3　连接属性定义

3. 并线连接的定义

在一般原理图设计中,并不是十分关注并线点的连接方式,但是当面临到 3D 布线设计的时候,导线真实的并联情况就十分重要。图 15-4 中并线连接的定义中不同"T 节点"选择意味着不同的连接方式和导线的线径。本节点中默认的连接"1.目标左,2.目标右"在实际应用的时候,就会出现两个连接在"－X1:6"上的端子并联,这样会给接线造成困难,而且不符合大多数企业的电气接线标准。

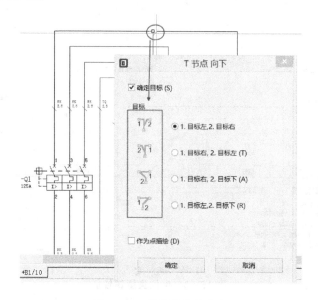

图 15－4　并线连接的定义

其 3D 连接方式如高亮连接线所示(见图 15－5)。

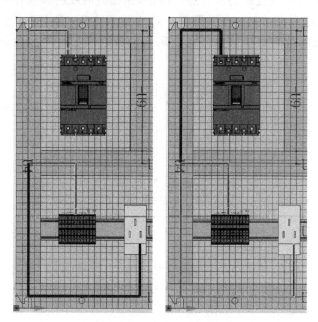

图 15－5　第一种 T 形连接方式

正确的设计方式应该是"1.目标右,2.目标下"设置,如图 15－6 所示为调整后的连接方式,连接标记也要做相应的调整。

在 3D 空间中连接布置,如图 15－7 所示为调整后高亮连接方式。

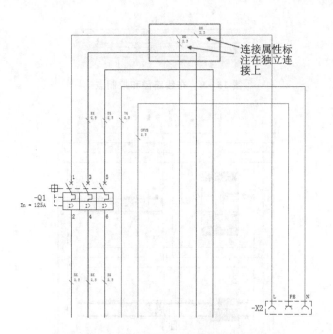

图 15-6　调整后的连接方式

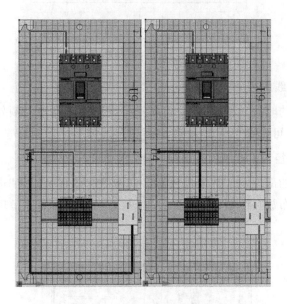

图 15-7　调整后高亮连接方式

15.2.2　布线路径设计

1. 布线路径的显示

在 EPLAN Pro Panel 的 3D 部件空间中,连接的布线需要由设计者预先规划布线连接的路径,这些路径就是"布线路径"。布线路径由深蓝色线段和控制点构成,如图 15-8 所示。

激活"布线路径视图"状态后,布线路径呈高亮状态,便于查看和编辑布线路径。如图 15-9 所示为布线路径视图。

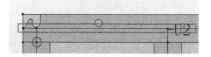

图 15 - 8 布线路径和控制点

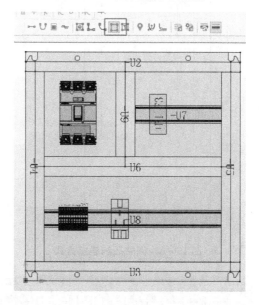

图 15 - 9 布线路径视图

2. 线槽构成的布线路径

在安装板布线槽的时候,线槽部件中集成了布线路径而不需要额外编辑。安装板线槽摆放完成后,其布线路径可以参考图 15 - 9。

3. 构造门布线路径

全选部件空间中的部件,单击"项目数据"→"连接"→"布线操作"进行布线操作。可以观察到大部分的部件都布放在线槽的布线路径上,只有门板上的部件呈现红色细线的"飞线"状态,如图 15 - 10 所示。

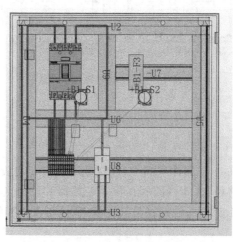

图 15 - 10 门板上按钮的飞线状态

出现飞线的原因是在门板上按钮的周围没有定义对应的"布线路径",可以通过在"内部门"安装面布放线槽,或者通过直接布放布线路径的方法解决。

选择"内部门"安装面右击,弹出快捷菜单,选择"直接激活",在按钮四周需要布线的位置放置"布线路径",如图 15-11 所示。

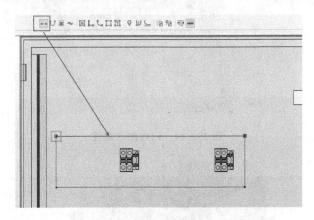

图 15-11　内部门安装面布放布线路径

4. 构造和安装板间布线路径

可以选择"直线"或者"曲线"连接安装板布线路径和门的布线路径。

直接激活安装板正面,选择"曲线"路径后单击线槽的右侧"布线路径"的连接点,有效选择时出现双正方形捕捉点,单击完成第一点选择。如图 15-12 所示为连接路径安装板起点。

为连接路径捕捉第二个点,如图 15-13 所示。用户可以根据自己的实际情况进行连接路径中间点的捕捉。

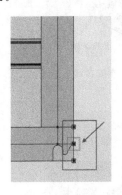

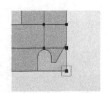

图 15-12　连接路径安装板起点　　　　图 15-13　为连接路径捕捉第二个点

单独激活门显示,捕捉门内侧路径的下侧连接点,捕捉成功后出现双正方形捕捉点,如图 15-14 所示。

双击箱体后重新进行布线操作,完成后如图 15-15 所示。

通过"新的控制点"和"更改路由曲线"调整布线路径。如图 15-16 所示为优化调整布线路径。

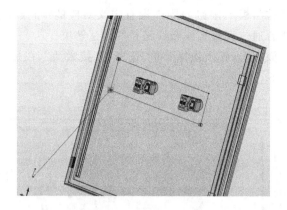

图 15 - 14　门内侧点捕捉

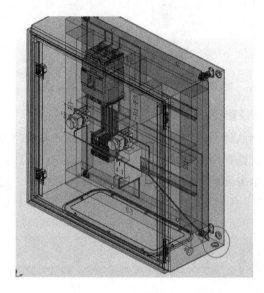

图 15 - 15　完成的门和安装板的连接布线

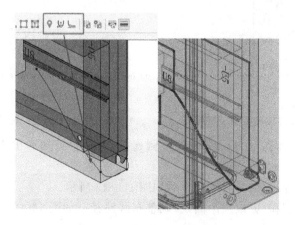

图 15 - 16　优化调整布线路径

知识点2:布线设置

1. 强弱电分开设置的实现

如图15-17所示为U9线槽未限定电位,"-Q1:5"和"-X1:8"的布线经过了"-U2"线槽、"-U9"线槽、"-U6"线槽。

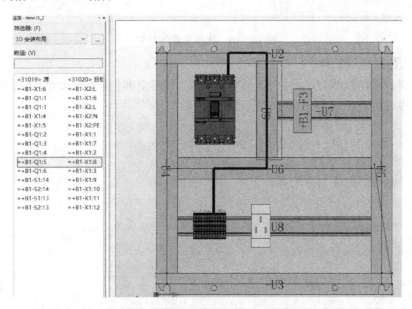

图15-17　U9线槽未限定电位

假定由于电气干扰的原因,我们期望"-U9"线槽禁止部分电位为L的连接,只能布放电位为"+"或者"M"的低压直流回路,则需要进行如下设置。

(1)新建连接的筛选器

在"选项"→"设置"的当前项目设置中,选择"待布线的连接"→"常规"→"连接筛选器"标签栏,选定的连接属性选择"电位值"(此处也支持其他属性筛选),如图15-18所示。

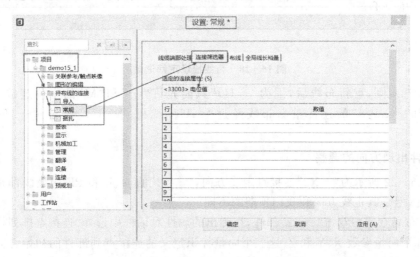

图15-18　定义连接筛选器

连接筛选器的数值填写系统中出现的"L"、"N"、"PE"、"+"和"M",如图 15 - 19 所示。

图 15 - 19 连接筛选器数值

(2)为线槽指定筛选器

选择需要设定的线槽,在属性对话框中编辑其"布局空间:连接筛选器"属性值,从刚刚编辑的筛选值中选择"+"和"M",如图 15 - 20 所示。

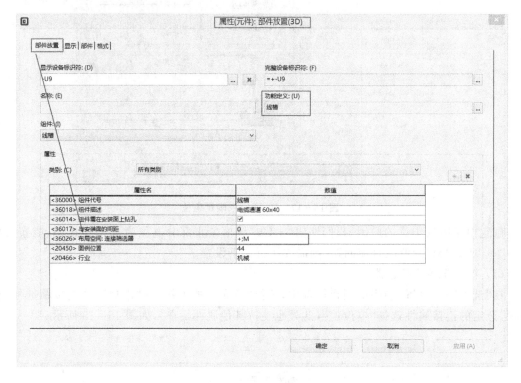

图 15 - 20 为线槽设定筛选器

应用筛选规则,重新布线后,因为"-U9"只能允许"+"和"M"的电位连接通过,所以"-Q1:5"和"-X1:8"的连接重新布线经过"-U2"线槽、"-U4"线槽、"-U6"线槽,如图 15 - 21 所示。

2. 部件出现方向的调整

如图 15 - 22 所示为"-X2"连接点走线方向,"-X2"的 N、L 和 PE 的接线都是从预期的位置起始的,但是其走线方向和我们预期的不同。

在 3D 布局空间中双击"-X2"部件,在弹出的属性对话框中选择"连接点排列样式",可以看到存在 3 个向量参数 X、Y 和 Z,这三个向量标识定义的连接点到部件的初始方向是由 3 个向量叠加而成的,如图 15 - 23 所示。

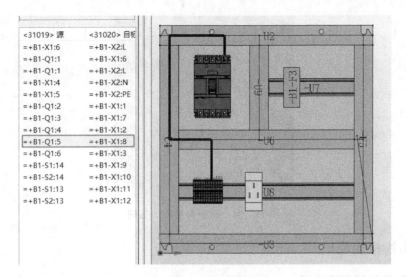

图 15 - 21　重新布线后

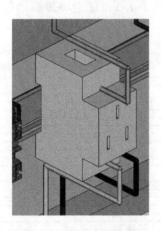

图 15 - 22　"－X2"连接点走线方向

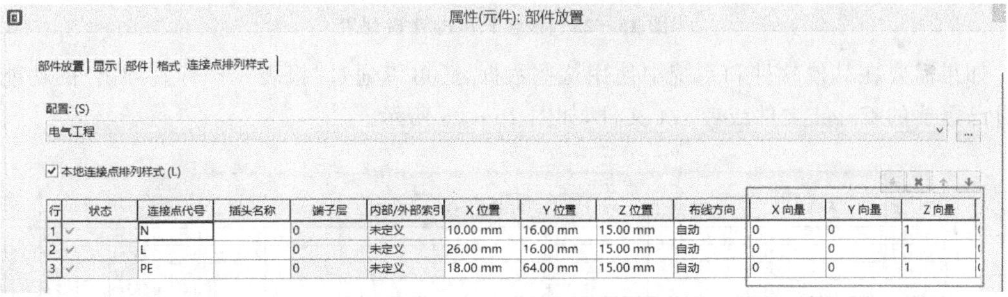

行	状态	连接点代号	插头名称	端子层	内部/外部索引	X 位置	Y 位置	Z 位置	布线方向	X 向量	Y 向量	Z 向量
1	✓	N		0	未定义	10.00 mm	16.00 mm	15.00 mm	自动	0	0	1
2	✓	L		0	未定义	26.00 mm	16.00 mm	15.00 mm	自动	0	0	1
3	✓	PE		0	未定义	18.00 mm	64.00 mm	15.00 mm	自动	0	0	1

配置: (S)

电气工程

☑ 本地连接点排列样式 (L)

属性(元件): 部件放置

部件放置 | 显示 | 部件 | 格式 | 连接点排列样式 |

图 15 - 23　连接点初始向量

　　把 Z 轴向量修改为 0,应用后对"－X2"进行布线,可以看到连接和我们预期的一样了,如图 15 - 24 所示。

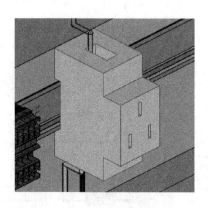

图 15 - 24　更新向量后的布线

15.2.3　布线报表输出

包含长度数据的表格输出

完成 3D 布线后，EPLAN Pro Panel 系统会将最新的包含长度信息的报表输出到图纸报表中，如图 12 - 25 所示。

连接	源	目标	截面积	颜色	长度
	-Q1:2	-X1:1	2.5	BK	0.211 m
	-Q1:4	-X1:2	2.5	BK	0.231 m
	-Q1:6	-X1:3	2.5	BK	0.251 m
	-Q1:1	-X1:6	2.5	BK	0.552 m
	-Q1:3	-X1:7	2.5	BK	0.583 m
	-Q1:5	-X1:8	2.5	BK	0.613 m
	-X1:4	-X2:N	2.5	TQ	0.795 m
	-X1:5	-X2:PE	2.5	GNYE	0.436 m
	L1	-X1:1			
	L2	-X1:2			
	L3	-X1:3			
	N	-X1:4			
	PE	-X1:5			
	24V	-X1:9			
	M	-X1:10			
	-S1:13	-X1:11	1	BU	1.43 m
	-S2:13	-X1:12	1	BU	1.275 m
	-S1:14	-X1:9	1	BU	1.365 m
	-S2:14	-X1:10	1	BU	1.21 m
	-Q1:1	-X2:L	2.5	BK	0.965 m
	-X1:6	-X2:L		BK	0.815 m

图 15 - 25　包含长度的连接列表

如果需要在其他软件和系统中使用这些数据，还可以通过"报表"→"标签导出"的功能，定制自己需要的 Excel 文件或者 txt 文件，如图 15 - 26 所示。

序号	柜体位置	源线号管	线号	鼻子	目标线号管	线号	鼻子	截面积(AWG)	颜色	长度(mm)	电缆	网络
					2016/2/15							
1	+B1	-Q1:2			X1:1			2.5	BK	0.211 m		2.5
2	+B1	-Q1:4			X1:2			2.5	BK	0.231 m		2.5
3	+B1	-Q1:6			X1:3			2.5	BK	0.251 m		2.5
4	+B1	-Q1:1			X1:6			2.5	BK	0.552 m		2.5
5	+B1	-Q1:3			X1:7			2.5	BK	0.583 m		2.5
6	+B1	-Q1:5			X1:8			2.5	BK	0.613 m		2.5
7	+B1	-Q1:1			X2			2.5	BK	0.853 m		2.5
8	+B1	-S1:13			X1:11			1	BU	1.43 m		1
9	+B1	-S2:13			X1:12			1	BU	1.275 m		1
10	+B1	-S1:14			X1:9			1	BU	1.365 m		1
11	+B1	-S2:14			X1:10			1	BU	1.21 m		1

图 15 - 26　定制 Excel 文件

15.2.4 接线数据在实际生产中的应用

有了准确的生产数据就有了后续数字化制造的可能。

1. EPLAN Pro Panel 提供生产数据导出

EPLAN 软件中，在导线制备中提供了诸如 Komax 等多种制线设备的数据接口。如图 15 - 27所示为导线制备设备数据导出。

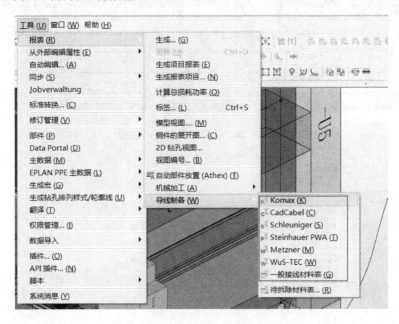

图 15 - 27　导线制备设备数据导出

2. 国内产品的研制和应用

北京显通恒泰科技有限公司在相关导线制备方面进行研发，并在实际生产中进行了广泛应用。

以下就是产品数字化制造的一些技术方案。

（1）导出相关的生产数据

这些内容包括"序号"、"连接编号"、源点和目标点的"部件标识，出线方向"、"包含方向的线号（要求接线完成后线号管上的字是从左往右读，从下往上读，从里往外读）"、"线径"、"颜色的中文和英文"、"连接长度"以及源点和目标点所在柜体的区域。如图 15 - 28 所示为导出的相关生产数据。

（2）线号管制备

选择需要制备的连接后，线号管数据通过 Excel 的公式引用或者 VBA 编程，自动导出到线号机。如图 15 - 29 所示为选中连接的线号管数据导出。

可以选择需要的线号管数据实时打印。如图 15 - 30 所示为线号打印。

（3）导线制备

计算机和裁线机通过网络连接，可以批量制作所需导线。如图 15 - 31 所示为自动导线生产。

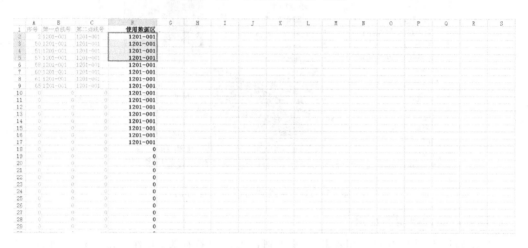

	A	B	C	D	E	F	G	H	I	J	K	L	N	O	P	Q	R
78	93	1614	TB21 : 82 Down		1614-060	*		PJ15 : 3	*	1614-060			0.75	BLU	蓝	1700	B 5 - B 6
79	94	1614	TB21 : 83 Down		1614-060	*		0806DR : X3-2		1614-060	*	IT 0.75-12	0.75	BLU	蓝	2500	B 5 - C 5
80	97	1615	TB22 : 54 Up	*	1201-070			PJ15 : 23		1201-070			0.75	BLU	蓝	1400	B 5 - B 6
81	102	1620	TB22 : 44 Up	*	1620-010			1620CR04 : 11		1620-010	*		0.75	BLU	蓝	520	B 5 - B 4
82	103	1620	TB22 : 45 Up	*	1620-011			1620CR04 : 14		1620-011	*		0.75	BLU	蓝	520	B 5 - B 4
83	2	1601	TB21 : 6 Up	*	1201-001			1602PS : -		1201-001	*		0.75	BLU/WHT	蓝白	800	B 3 - B 1
84	50	1606	TB22 : 15 Down		1201-001	*		PJ11 : 10	*	1201-001			0.75	BLU/WHT	蓝白	750	B 5 - B 6
85	51	1606	TB22 : 16 Down		1201-001	*		PJ11 : 12	*	1201-001			0.75	BLU/WHT	蓝白	750	B 5 - B 6
86	57	1607	TB22 : 17 Down		1201-001	*		PJ11 : 22	*	1201-001			0.75	BLU/WHT	蓝白	550	B 5 - B 6
87	58	1607	TB22 : 18 Down		1201-001	*		PJ11 : 24	*	1201-001			0.75	BLU/WHT	蓝白	550	B 5 - B 6
88	60	1608	TB22 : 19 Down		1201-001	*		PJ12 : 10	*	1201-001			0.75	BLU/WHT	蓝白	450	B 5 - B 7
89	61	1608	TB22 : 20 Down		1201-001	*		PJ12 : 12	*	1201-001			0.75	BLU/WHT	蓝白	450	B 5 - B 7
90	65	1609	TB22 : 21 Down		1201-001	*		PJ12 : 22	*	1201-001			0.75	BLU/WHT	蓝白	450	B 5 - B 7
91	66	1609	TB22 : 22 Down		1201-001	*		PJ12 : 24	*	1201-001			0.75	BLU/WHT	蓝白	450	B 5 - B 6
92	76	1611	TB22 : 2 Up	*	1201-001			PJ13 : 10	*	1201-001			0.75	BLU/WHT	蓝白	900	B 5 - B 6
93	77	1611	TB22 : 3 Up	*	1201-001			PJ13 : 12	*	1201-001			0.75	BLU/WHT	蓝白	900	B 5 - B 6
94	82	1612	TB22 : 4 Up	*	1201-001			PJ14 : 10	*	1201-001			0.75	BLU/WHT	蓝白	1100	B 5 - B 6
95	83	1612	TB22 : 5 Up	*	1201-001			PJ14 : 12	*	1201-001			0.75	BLU/WHT	蓝白	1100	B 5 - B 6
96	85	1613	TB22 : 6 Up	*	1201-001			PJ14 : 22	*	1201-001			0.75	BLU/WHT	蓝白	1100	B 5 - B 6
97	86	1613	TB22 : 7 Up	*	1201-001			PJ14 : 24	*	1201-001			0.75	BLU/WHT	蓝白	1100	B 5 - B 6
98	88	1614	TB22 : 8 Up	*	1201-001			PJ15 : 10	*	1201-001			0.75	BLU/WHT	蓝白	1150	B 5 - B 6

图 15－28　导出的相关生产数据

图 15－29　选中连接的线号管数据导出

图 15－30　线号打印

　　在公司实际生产过程中更倾向于实时制备导线，实时接线加工，实时传输数据并制备导线。在制备的过程中还有相关制备导线进程及相关安装信息的指示，这使员工在生产的时候，

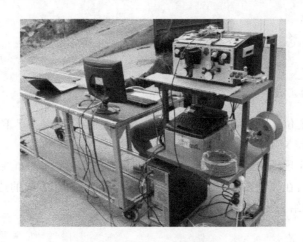

图 15-31　自动导线生产

不但可以扔掉图纸,连接线表也可以不看了。制备过程中会在屏幕上标识正在制备的导线。如图 15-32 所示为导线制备过程信息输出。

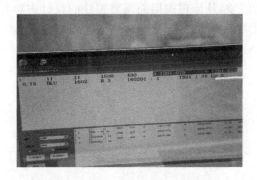

图 15-32　导线制备过程信息输出

　　电柜处还可以通过多屏输出展示当前导线制备进程。如图 15-33 所示为屏幕信息指导制造。

图 15-33　屏幕信息指导制造

15.3 知识点总结

知识点 1:线路的定义

电位定义:定义电位类型后,原理图中错误的电气连接都可以在消息检查中展示出来,同时可以在 3D 布线中定义不同电位类型的独立放置。

连接属性定义:原理图中定义的属性值会自动传递到 3D 空间的布线连接信息中。

并线连接的定义:在原理图设计中并线连接定义中"T 节点"方向的选择十分重要,它决定了实际接线的方式和结果。

知识点 2:布线设置

在连接筛选器中设置"电位值"或者"连接颜色或连接编号"等属性后,在布线路径中设定筛选规则,就可以实现强弱电分开或其他要求的 3D 布线结果。

本章以连接的设计为线索,从原理图层面需要关注的设计内容开始,讲述了 3D 布局空间中的布线路径设计以及对应报表的输出,从导线制备的角度完成数字化制造过程。

第16章 电气安装设计和制造

16.1 内容介绍

本章根据电柜制造的过程,按照电气柜制造的顺序,通过 EPLAN Pro Panel 准备相关的技术文件,这些步骤分别是:

① 箱体技术资料:箱体外形,用于提供钣金厂家加工的技术资料。

② 安装板和门板技术资料:安装板和门板需要由钣金厂或者自己工厂的钳工按技术资料进行加工。

③ 电气元件标签:由 EPLAN Pro Panel 软件输出标签文本文件,用于标签打印机打印。

④ 物料领用:领用的材料单。

⑤ 部件标记摆放资料:领用材料、标签、元件摆放技术资料。

16.2 实例操作

16.2.1 箱体技术资料

一般电气工程师会对电气控制箱柜进行选型或者设计,除了落实到材料表中的型号外,对箱体外观的描述或者绘制也是必需的,这样有助于安装和制造人员了解和掌握电气箱柜的技术细节。

在 EPLAN Pro Panel 中,为箱柜新建页"+B1/100",页描述为"箱体外观",定义页类型为"模型视图",如图 16-1 所示。

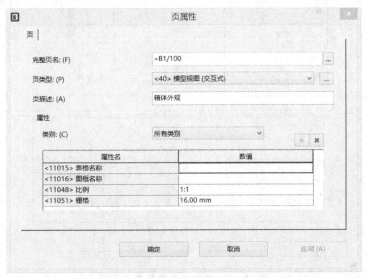

图 16-1 箱体外观视图属性

选择菜单中的"插入"→"图形"→"模型视图",通过鼠标点选图纸左上位置的配置显示,定义该模式视图属性。如图 16-2 所示为模型视图配置显示。

图 16-2　模型视图配置显示

用相同的方法插入另外 3 个视图,视角分别是"上"、"左"和"西南等大",在菜单中选择"插入"→"尺寸标注"→"线性尺寸标注",分别在几个视图中添加关键尺寸定义,完成后如图 16-3 所示。

注意:可以通过项目设置属性,配置"图形的编辑"下的"尺寸标注",设定标注精度为 1 mm。

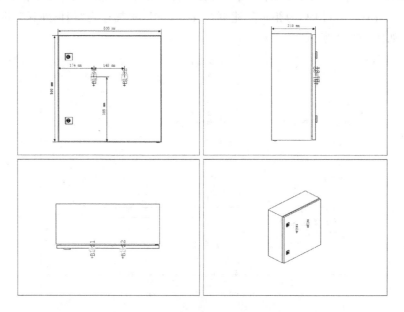

图 16-3　包含标注的箱体 3 视图

16.2.2 安装板、门板技术资料

1. 导出安装板机械加工图纸

选择项目,单击"工具"→"报表"→"机械加工"菜单项,选择"钻孔样板"就会导出 PDF 格式的安装板图纸,如图 16-4 所示。如果选择"NC-DXF"菜单,则会在默认文件夹内导出与 AutoCAD 兼容的 DXF 文件。

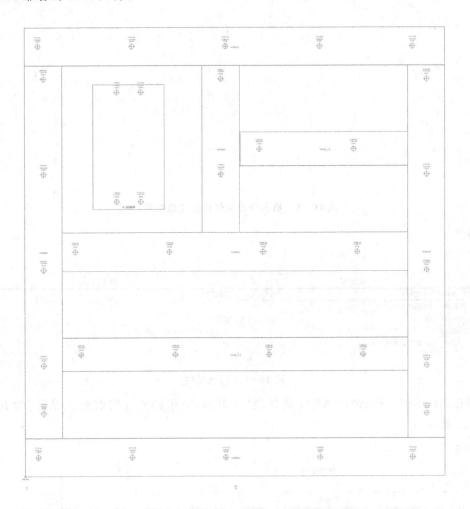

图 16-4　导出的 PDF 机械加工文件

文件以左下角为 2D 坐标系的零点,在需要加工的位置标记坐标值和加工参数值。如图 16-5 所示的机械导出文件的加工数据图纸中左下第一个开孔的圆心为(14,20),开孔直径为 5 mm。

2. 导出门板加工图纸

由于在按钮设计时,没有为按钮定义"钻孔排列样式",所以按之前章节方法定义 F22BUTTON 钻孔样式,并连接到部件"SIE. 3SB3201-0AA11"上。注意,安装板的属性"<36014>组件需要在安装板上钻孔"为有效,如图 16-6 所示。

图 16 - 5　机械导出文件的加工数据图纸

属性

类别: (C)　　　　　　　所有类别

属性名	数值
<36000> 组件代号	外部门
<36018> 组件描述	
<20466> 行业	机械
<20468> 宏	SIE.3SB3201-0AA11_3D.ema
<36014> 组件需在安装面上钻孔	☑

图 16 - 6　门板属性

按钮部件 SIE.3SB3201-0AA11 的属性"<36014>组件需在安装板上钻孔"为有效,如图 16 - 7 所示。

属性

类别: (C)　　　　　　　所有类别

属性名	数值
<36000> 组件代号	逻辑组件
<36018> 组件描述	全套设备,圆形,按钮
<20297> 连接点截面积/直径(全部,取决于设备标识符导入)	111
<20450> 图例位置	51
<20468> 宏	SIE.3SB3201-0AA11_3D.ema
<36014> 组件需在安装面上钻孔	☑

图 16 - 7　按钮属性

完成的"外部门"安装面开孔尺寸的 PDF 导出图如图 16 - 8 所示。

图 16 - 8　电气箱门开孔尺寸标注

16.2.3　电气元件标签

电气原理图设计完成后,所有的部件都会有"设备标识符",它作为电气元件的标记会和实际的电气元件一一对应。

在领取和分配部件的时候,需要为这些部件打印标签并粘贴到部件明显的位置,如图 16 - 9 所示。

选择当前项目后,在菜单中选择"工具"→"报表"→"标签",弹出"输出标签"对话框,如图 16 - 10 所示。在"设置"栏选择"设备列表","目标文件"和路径可以设定,单击"确定"按钮后,系统会从项目中按照"设置"的规则导出 BM-Liste.txt 文件。

由于默认设置的关系,导出的 txt 文件如图 16 - 11 所示。这个标签导出的配置设置的格式是包含功能描述和占位符的,显示的文档是完整的设备标识符,其中包含了"="功能描述和"+"的位置描述。

图 16 - 9　部件标签

如果只是期望打印部件标识,可以参考本章文件夹 CHP16 中配置文件夹的"北京显通恒泰公司标签导出"配置文件,删除"功能"和"占位符",修改"完整设备标识符"为"显示设备标识符",得到的结果如图 16 - 12 所示。可以直接导出到标签打印机进行打印。

图 16 - 10 "输出标签"对话框

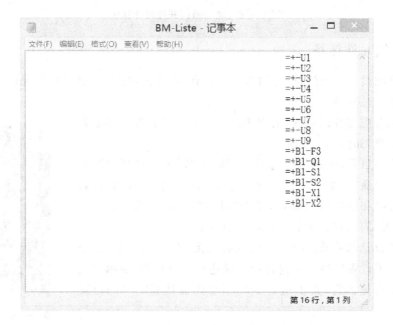

图 16 - 11 标签导出文本

图 16 - 12　得到的结果

16.2.4　物料领用

全部项目的物流清单,EPLAN Pro Panel 中的部件汇总表可以提供,如果需要输出 Excel 格式的文件,可以通过配置标签导出的方法来实现。

对报表导出进行配置,使报表不显示无部件编号的部件,选择菜单"工具"→"报表"→"生成",在弹出的"报表"对话框中选择"设置"→"部件",如图 16 - 13 所示。

图 16 - 13　"报表"部件配置

使"无部件编号的设备"选项取消,如图 16 - 14 所示。

更新报表得到领用部件的清单,如图 16 - 15 所示。

使用系统默认标签导出的部件汇总表,可以导出 txt 文本文件,如图 16 - 16 所示。如果需要更为丰富的信息,就需要配置和定义标签导出的设置文件。除了用于采购或者领用部件的"部件汇总表",EPLAN 还提供"部件列表",便于实施的技术人员确定与具体符号匹配的设备型号。部件列表如图 16 - 17 所示。

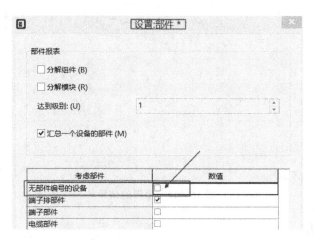

图 16 - 14　"无部件编号的设备"选型

订货编号	数量	描述 名称	类型号 部件编号	制造商 供应商
AE 1050.500	1 块	AE 1050.500 500/500/210	AE 1050.500 AE 1050.500	RITTAL RITTAL
	6 块	电缆通道 60x40	KK6040 KK6040	
	2 块	安装导轨 EN 50 022(35x7,5)	TS 35_7,5 TS 35_7,5	
3VA1112-1AA32-0AA0	1		3VA1112-1AA32-0AA0 SIE.3VA1112-1AA32-0AA0	SIE SIE
3SB3201-0AA11	2 块	全套设备,圆形,按钮	3SB3201-0AA11 SIE.3SB3201-0AA11	SIEMEN SIEMEN
AC30	1	AC30 10A模块化插座	AC30 CHT.AC30	正泰 正泰

图 16 - 15　部件汇总表

图 16 - 16　部件汇总表文本文件

　　配置报表,增加<20496>长度属性,按照这个表格,可以根据 EPLAN Pro Panel 的 3D 线槽部件长度,预制导轨和线槽,如图 16 - 18 所示。

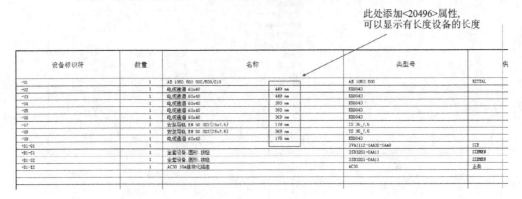

设备标识符	数量	名称	类型号	供应商	部件编号
-U1	1	AE 1050.900.500/500/210	AE 1050.500	RITTAL	AE 1050.500
-U2	1	电缆通道 60x40	KK8040		KK8040
-U3	1	电缆通道 60x40	KK8040		KK8040
-U4	1	电缆通道 60x40	KK8040		KK8040
-U5	1	电缆通道 60x40	KK8040		KK8040
-U6	1	电缆通道 60x40	KK8040		KK8040
-U7	1	安装导轨 EN 50.022 (35x7.5)	TS 35_7.5		TS 35_7.5
-U8	1	安装导轨 EN 50.022 (35x7.5)	TS 35_7.5		TS 35_7.5
-U9	1	电缆通道 60x40	KK8040		KK8040
+B1-Q1	1		3VA1112-1AA32-0AA0	SIE	SIE 3VA1112-1AA32-0AA0
+B1-S1	1	全套设备.图形.按钮	3SB3201-0AA11	SIEMEN	SIE 3SB3201-0AA11
+B1-S2	1	全套设备.图形.按钮	3SB3201-0AA11	SIEMEN	SIE 3SB3201-0AA11
+B1-X2	1	AC30 10A模块化插座	AC30	正泰	CHT AC30

图 16-17　部件列表

此处添加<20496>属性,
可以显示有长度设备的长度

设备标识符	数量	名称		类型号	供
-U1	1	AE 1050.500.500/500/210		AE 1050.500	RITTAL
-U2	1	电缆通道 60x40	449 mm	KK8040	
-U3	1	电缆通道 60x40	449 mm	KK8040	
-U4	1	电缆通道 60x40	380 mm	KK8040	
-U5	1	电缆通道 60x40	390 mm	KK8040	
-U6	1	电缆通道 60x40	369 mm	KK8040	
-U7	1	安装导轨 EN 50.022(35x7.5)	179 mm	TS 35_7.5	
-U8	1	安装导轨 EN 50.022(35x7.5)	369 mm	TS 35_7.5	
-U9	1	电缆通道 60x40	175 mm	KK8040	
+B1-Q1	1			3VA1112-1AA32-0AA0	SIE
+B1-S1	1	全套设备.图形.按钮		3SB3201-0AA11	SIEMEN
+B1-S2	1	全套设备.图形.按钮		3SB3201-0AA11	SIEMEN
+B1-X2	1	AC30 10A模块化插座		AC30	正泰

图 16-18　配置报表

16.2.5　部件标记和摆放

新建页名为"＋B1/110"的图纸,页描述为"安装板布置图"。插入"图形"→"模型视图",安装板布局模型视图配置如图 16-19 所示。布局图的上部件标签显示使用"默认"配置,尺寸标注也是系统默认的"电气工程"配置。

图 16-19　安装板布局模型视图配置

在图纸右侧插入嵌入式报表,配置如图 16-20 所示。

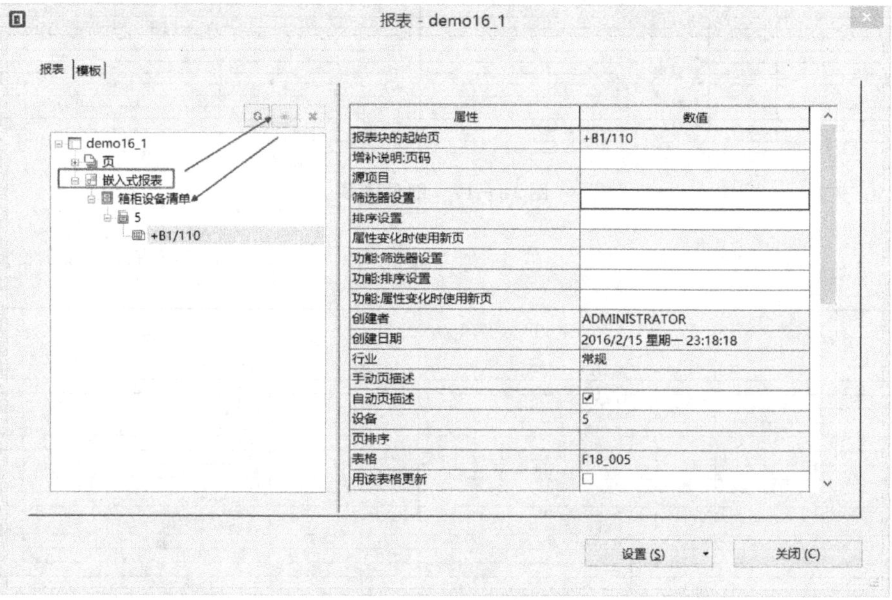

图 16-20　新建嵌入式报表

注意表格的输出形式为"手动放置",并在完成配置时单击左键选择插入表格的位置。配置内容如图 16-21 所示。

图 16-21　"手动放置"当前页的箱柜设备清单

完成后的安装板布局图(见图 16-22)可以指导工人按照图纸领取加工好的安装底板(已经开好了安装孔),按照名称安装线槽和导轨(预制好的,有名称的)并按 3D 部件空间设定的位置摆放部件。

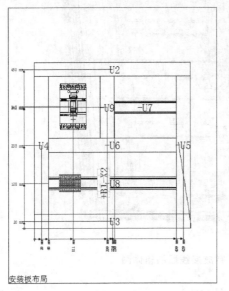

图 16-22　安装板布局图

用同样的方法新建页名为"+B1/120"的图纸,页描述为"门板布局图",如图 16-23 所示。

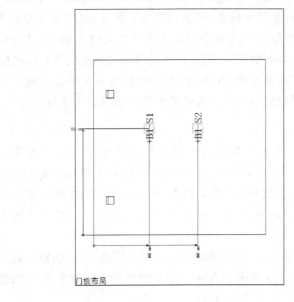

图 16-23　门板布局图

部件安装完成后,使用第 15 章的连接进行接线,即可完成电气箱柜制造,如图 16-24 所示。

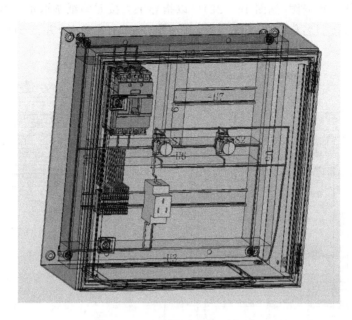

图 16-24 完成接线后的箱体图

16.2.6 电气盘柜自动化生产及服务的实践

EPLAN 平台设计总的方向是"为生产准备确定性数据"。上述已经讲明如何导出各种生产任务单,人工可以根据这个生产任务单去进行生产,这样可以避免很多依靠经验和习惯生产导致的问题。实际上电柜的生产想要依靠自动化的设备,而非利用人工去进行,是采用这个平台进行电气设计的重要原因。在四五年前的国外工业展上包括 EPLAN 自己的展台,已有成熟的板箱加工中心、线束加工中心和接线机器人的展示,但是设备的费用可能绝大多数国内的中小企业都无法承受。而在国内,现在也有很多企业,在市场、人力资源的多重压力下展示出了优秀的市场和产品创新能力,现在就选择我们周边可以看到的不错的实践给大家分享一下。

1. PCMC2416 板箱加工中心

北京朗格贝通自动化设备有限公司专注于工业自动化设备和运动控制的解决方案。PCMC2416板箱加工中心是朗格贝通具有完全知识产权,并独立设计和生产的产品。PC-MC2416 基于铣削的工作原理,可针对已经完成折弯、喷涂的大型板类和箱体类零件进行开孔、攻丝等自动加工。图 16-25 为 PCMC2416 板箱加工中心,图 16-26 为 PCMC2416 加工样品。

PCMC2416 可以通过 EPLAN Pro Plane 软件插件导出的机械加工信息,利用朗格贝通提供的计算机辅助编程软件工具生成加工程序,这种编程方法适用于电柜生产厂家和电气成套厂家。

另外,PCMC2416 针对临时生产,输入简单的坐标参数及形状选择即可进行加工;或者基于朗格贝通提供的布局软件进行设计;同时也能将 AutoCAD 这样的第三方 CAD 程序设计出来的钣金结构图纸(DXF 格式文件)直接导入 PCMC2416 的计算机辅助编程软件,直接生成相应的加工程序。

图 16 - 25　PCMC2416 板箱加工中心

图 16 - 26　PCMC2416 加工样品

2. 工业控制柜数字化电装平台

北京金雨科创自动化技术有限公司自主创新设计了一套"工业控制柜数字化电装平台"，可为客户提供高效的电气加工服务。

EPLAN Pro Plane 导出的生产数据，传递给"工业控制柜数字化电装平台"进行电气设备全数字化智能生产。大量工作由后台数据库和计算机完成，以满足客户低成本、高效率、高质量的个性化需求。

"工业控制柜数字化电装平台"以生产工艺数据为核心、智能机器人为主要运动执行单元，由全自动钣金加工中心、布盘中心、全自动接线中心、设备搬运系统四大模块组成。图 16 - 27 为工业控制柜数字化电装平台。

（1）全自动钣金加工中心

全自动钣金加工中心可一次性接收所有钣金开孔数据，自动进行坐标定位激光开孔工作。可加工圆孔、螺纹孔、方形孔等，速度快，精度高，效果好，大大节省了在成套机柜生产中钣金开孔所花费的时间，为厂家提供了可以批量生产的可能。

（2）布盘中心

在此中心将处理好的钣金安装板、导轨、线槽以及电气元器件进行安装，为下一步自动接线做准备。布盘中心具有元器件的辅助定位功能，该功能可有效地保证电气盘布置与图纸数

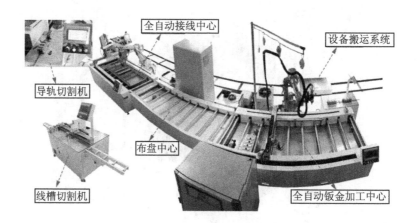

图 16－27　工业控制柜数字化电装平台

据一致,保证布局的美观、标准,同时大大提高布置元器件的速度,减少错误率。

　　线槽切割机:此设备用于处理加工生产配盘中所用到的线槽,可以一次性进行线槽的切割和安装孔的开孔,处理精度高,速度快。

　　导轨切割机:此设备用于处理加工生产配盘中所用到的导轨,可以处理多种不同型号的导轨,集导轨长度测量、切割、安装孔开孔等工作流程于一身,处理精度高,速度快。

　　(3) 全自动接线中心

　　全自动接线中心采用"数控中心站＋机器人手臂"的组合模式,通过接收处理好的元器件接线坐标数据以及导线线束信息,接线中心自动进行配盘的接线工作,将之前处理好的线束一一接到相应的器件接线点,实现接线工艺的标准化。

　　全自动线束生产中心:可以处理 $0.5\sim4\ mm^2$ 的导线,通过接收的线束数据一次性进行导线长度测量、切线、端部剥皮、打码、熔焊等导线工艺处理。以往需要多个人工流程才能完成的工作,在此设备上可以一次成型完成,实现导线处理的流水化作业。

　　(4) 设备搬运系统

　　此系统包含 AVG 小车、龙门吊等设备,用于在生产过程中的机箱、机柜转运工作,便于大型机箱、机柜的搬运。它可有效降低在搬运过程中所耗费的人力成本,一个人便可以对多台机柜进行搬运工作。

　　产品、服务的创新以市场中客户的需求为最人的驱动力。针对客户设计产能不足的情况,电气设计自动化服务也在这个平台的考虑范围之内。客户可以在北京金雨科创线上平台"科创在线"www. control-online. com 进行在线设计、元件选型等工作;同时"科创在线"利用工业大数据建立的系统将会自主分析客户需求,短时间内生成符合客户需求的设计图纸及生产数据,可以大大简化客户设计图纸的工作。

16.3　知识点总结

　　本章根据电气制造的加工顺序,分别讲解了箱体技术资料、安装板和门板技术资料、电气元件标签、物料领用和部件标记摆放资料。

第17章 铜排的设计

17.1 内容介绍

EPLAN 的产品线束始终围绕着电气设计和箱柜制造,因此 EPLAN Pro Panel 也为电气系统中的大电流载体"铜排"提供了对应的产品组件的设计。官方"帮助"文档中称之为"包含铜件的箱柜设计"。

之前章节中的讲解方向是从"原理图"到"布局",最终输出的结果是"连接"的制造文件和板箱的加工图纸。"包含铜件的箱柜设计"是从"连接"的一个分支"大电流连接载体"开始,在布局空间内进行布局,最终导出铜排的加工文件,因此相关章节的内容更多偏重于机械制造方面的知识,电气工程师可以参考阅读。

本章整体难度不大,主要困难就是对 EPLAN Pro Panel 专业术语的理解(从字面含义理解往往引起歧义)。

学习 EPLAN Pro Panel 的"帮助"文档,可以从以下几点理解"铜件"的概念:
- 铜件是区别于"成品母线系统"的导电部件。
- 可以从部件库中选择铜质型材"铜部件",这些型材具备不同规格的截面。
- 在软件进行布放后,可以输出图纸进行加工(切割、折弯、钻孔、铣削)。

17.2 实例操作

17.2.1 铜件构建的基本思路

EPLAN Pro Panel 中说明对应铜件构造的专业术语难以从字面领会其含义,因此可以从 SOLIDWORKS 中"扫描成型"的方法理解铜件绘制的过程。

在 SOLIDWORKS 的"扫描成型"方法中存在三个概念。
- 轮廓:一个封闭曲线构成的平面。
- 路径:这个"轮廓"平面移动的轨迹。
- 扫描:轮廓曲线构成的平面,按照路径移动,组成 3D 成型方法。

图 17-1 简单描述了扫描进行 3D 造型的方法。

与在 EPLAN Pro Panel 中铜件成型的方法类似,名称稍有不同。如图 17-2 所示为构架示意图。
- (SOLIDWORKS)轮廓:(EPLAN Pro Panel)无关键词,通过选择材料参数决定相关数据。
- (SOLIDWORKS)路径:(EPLAN Pro Panel)构架。
- (SOLIDWORKS)扫描:(EPLAN Pro Panel)包含铜件的箱柜设计。

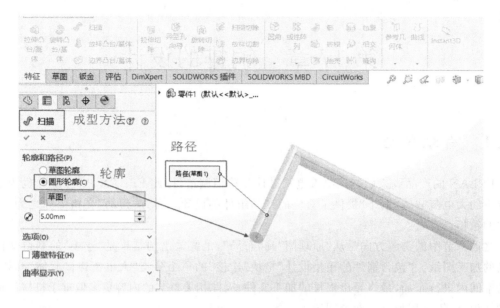

图 17-1 SOLIDWORKS 中的扫描成型

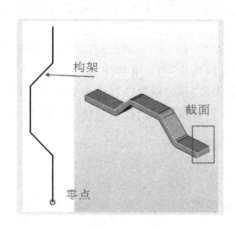

图 17-2 构架示意图

稍微有所不同的是：

● EPLAN Pro Panel 包含"折弯半径"技术数据。

● EPLAN Pro Panel 构架仅允许存在线和折线，必须形成一个连贯的折线，不得包含任何分线或交叉。

● EPLAN Pro Panel 在 3D 布局空间可以对铜排的长度、角度等参数进行调整。

注意：EPLAN Pro Panel 中的"构架"需要到"轮廓线编辑器"中编辑，此处字面理解容易与 SOLIDWORKS 中的"轮廓线"混淆。

17.2.2 铜件编辑顺序

EPLAN Pro Panel 编辑铜件大概按照以下顺序：

① 编辑构架：在轮廓线编辑器新建编辑构架，并保存文件为"＊.fp1"。

② 放置铜件：在布局空间放置铜件，选择材料（部件库型材）、选择构架（前文编辑的构

架),确认折弯半径参数。

　　③ 调整参数:在布局空间调整铜件的长度、角度、折弯位置等参数。

　　④ 用相同的方法建立其他铜件。

　　⑤ 多个铜件合并为"组件"。

　　⑥ 配置铜件报表(装箱清单)。

　　⑦ 相关铜件机械加工图纸。

17.2.3　铜件弯曲的描述

　　EPLAN Pro Panel 的说明文档中,有两种弯曲并配图描述:

- 卷边弯曲;
- 平直弯曲。

　　(1) 卷边弯曲

　　卷边弯曲如图 17-3 所示,国内传统对此加工的称呼为"立弯"。(本书后续部分出现 4 个字描述弯曲的如"卷边弯曲",都是 EPLAN 的命名方式;2 个字描述的如"立弯",为通俗描述。)

卷边弯曲

机械

借助此设置,围绕在部件数据中通过"深度"值定义的边缘折弯铜导轨。卷边弯曲所需的折弯半径明显大于平直弯曲所需的折弯半径。

图 17-3　卷边弯曲

　　(2) 平直弯曲

　　平直弯曲如图 17-4 所示,国内传统对此加工的称呼为"平弯"。

平直弯曲

机械

借助此设置,围绕在部件数据中通过"宽度"值定义的边缘折弯铜导轨。

图 17-4　平直弯曲

国内对铜排加工的称呼方法如图 17－5 所示。

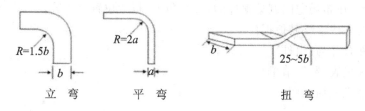

图 17－5 国内铜排加工方法名称

17.2.4 编辑构架

通过 IEC 模板建立原理图项目"CHP17_01"。

选择"工具"→"主数据"→"构架（铜件）"→"新建"菜单项，在弹出的菜单中新建路径并指定到"CHP17\构架"中，指定文件名为"CHP17 构架"，单击"保存"按钮后弹出"构架属性"对话框，如图 17－6 所示，单击"确定"按钮进入编辑界面。

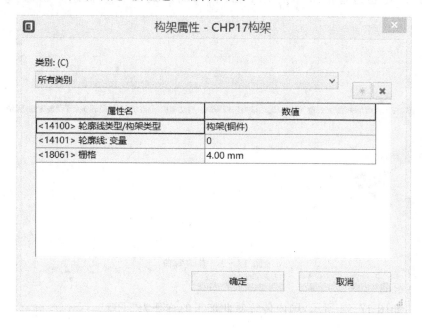

图 17－6 "构架属性"对话框

图形编辑器中有一个红色的圆圈，这个圆圈成为构架的"零点"，此零点有两个功能：
● 功能 1：作为本"构架"第一条线的起点。
● 功能 2：将来放置以此"构架"完成的铜件时，这个"零点"将被作为"基准点"使用。

选择"线"工具绘制构架，从"零点"开始，完成后如图 17－7 所示。

单击"工具"→"检查构架"，对当前编辑的构架进行检查。见到"构架检查完成"结果后，单击"确定"按钮完成检查。

通过"工具"→"主数据"→"构架（铜件）"→"关闭"完成铜件构架的创建。

查看文件夹，出现"CHP17 构架.fp1"。

图 17-7 完成的构架文件

17.2.5 放置铜件(铜导轨)

1. 定义铜部件

如果部件库中已经包含了铜部件(可以采购的铜条,如 30 mm×5 mm 的铜条),就不需要定义该铜部件。如果部件库中没有对应规格的铜部件,就需要在部件库中添加部件,方法如下:

建立部件,分类归属为"机械"→"零部件"→"母线"→"导轨",如图 17-8 所示。

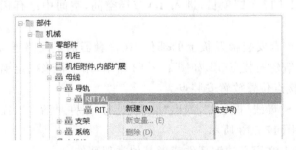

图 17-8 新建导轨部件

填写"部件编号"、"类型编号"和"名称 1",如图 17-9 所示。

在安装数据选项卡填写宽度为"30 mm"、深度为"5 mm"。在"功能定义选项卡"填写选择"母线"功能定义以及"常规母线"组件代号。

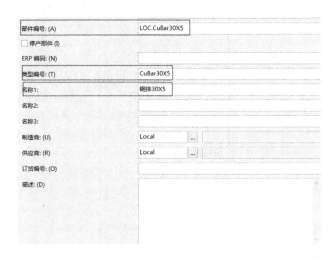

图 17 - 9 铜部件常规参数

相关的铜部件如图 17 - 10 所示。

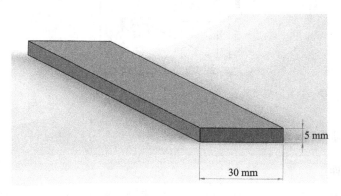

5 mm

30 mm

图 17 - 10 铜部件

2. 放置铜导轨

打开附件中的"CHP17_01"项目,进入 3D 布局空间,空间中已有标准箱柜,如图 17 - 11 所示。

单独激活安装板查看安装板及板上的部件,在接触器的主回路连接点增加"新建安装点 1"、"新建安装点 3"、"新建安装点 5",如图 17 - 12 所示,用于将来确定铜件的安装点。用相同方法在接触器其他连接点位置放置安装点。

选择菜单"插入"→"母线(折弯)",弹出"母线(折弯)组件对话框",需要对"母线(折弯)"的 3 个参数进行设置,如图 17 - 13 所示。

"部件编号":就是上文定义的铜部件或者其他类似部件。

"构架":前文所编辑的构架文件。

"折弯半径":填写 1.00 mm。

确认"平面弯曲"选项,单击"确认"按钮,在 3D 布局空间选择接触器上的"新建安装点 1"放置铜件,如图 17 - 14 所示。

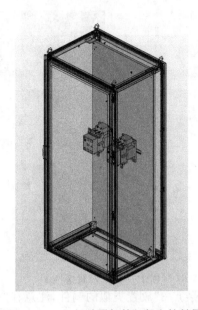

图 17 – 11　已经放置好的机柜和接触器

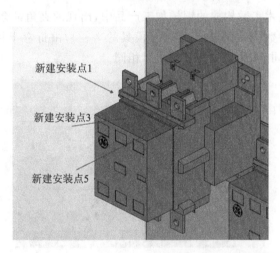

图 17 – 12　接触器接线安装点定义

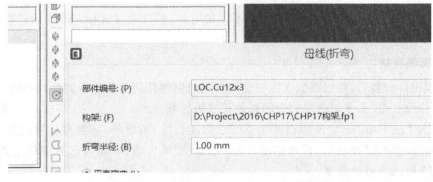

图 17 – 13　"母线（折弯）"的 3 个参数设置

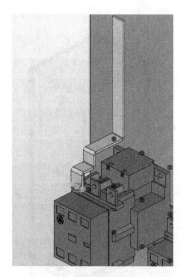

图 17 - 14　放置铜件 1

用相同的方法,在"新建安装点 3"放置类似的铜件,注意在"折弯半径"处填写"3 mm",比较两个铜件的外形,如图 17 - 15 所示。

由构架曲线作为技术参数构成的铜排加工产品中,出现的夹角都会由折弯的曲线来实现,有关工艺方面的曲率参数(也就是加工折弯时模具的半径),由折弯半径来确定。比如相同构架的铜件,折弯半径不同,其加工的结果就不尽相同。

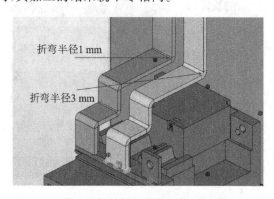

图 17 - 15　相同外形,不同折弯参数

注意:当放置铜件的方向和位置与预期不同的时候,可以通过鼠标右键激活放置选项进行调整。

3. 编辑铜导轨

在完成铜件安装后,可以根据实际安装的情况对铜件几何参数进行调整。如图 17 - 16 所示是通过"修改长度"命令对已经放置的铜件长度进行修改。

EPLAN Pro Panel 对完成的铜排除了可以修改长度、角度外,还提供折弯位置的修改以及在直线段通过输入"位置"、"折弯角度"、"折弯半径"等参数,实现在已有铜件上进行编辑。如图 17 - 17 所示为修改角度。

注意:EPLAN Pro Panel 默认铜件的输出只能以"平直弯曲"和"卷边弯曲"构造单独规格

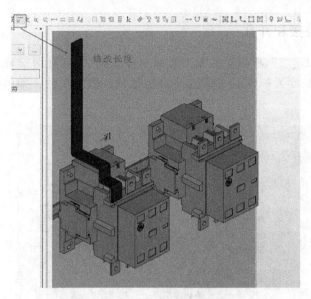

图 17 - 16　修改长度

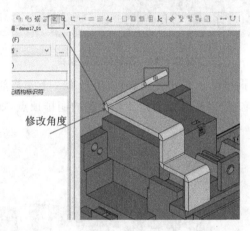

图 17 - 17　修改角度

的铜件。如果预期铜件中包含"平直弯曲"和"卷边弯曲",则用户可以在已有产品上采用增加折弯点并定义参数的方法实现复杂铜件的设计,如图 17 - 18 所示。

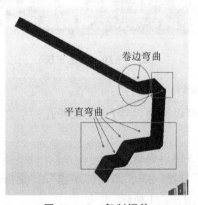

图 17 - 18　复制铜件

17.2.6 铜件的拼接和开孔

打开项目"CHP17_02",项目安装板上有两个接触器,上口分别安装好了 6 只铜件,铜件是以图 17-16 修改长度为基础,通过调整不同位置的长度完成的。如图 17-19 所示为接触器上口铜排。

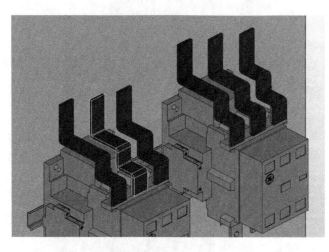

图 17-19 接触器上口铜排

在第一个接触器左侧铜排左上角建立安装点,用于下一个安装部件的捕捉;之后在此安装点放置"I 架构"的直条铜排,然后修改长度到另外一侧的铜排顶点,如图 17-20 所示。

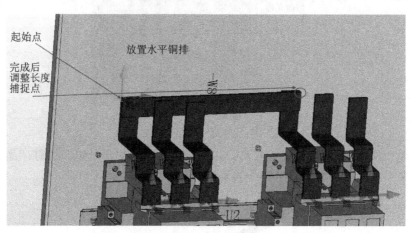

图 17-20 铜排拼接

1. 有关铜排的自动开孔设计

已有铜件如果有开孔,则可以通过设置,自动把开孔的信息赋予到关联的另一个平面。关联曲线后,开孔关联也将消失。

项目设置:需要激活自动多切口设置。

在设置功能中选择"用户"设置,在其"图形的编辑"的"铜件折弯"菜单项内激活"自动多切口"和"自动更新多切口",如图 17-21 所示。

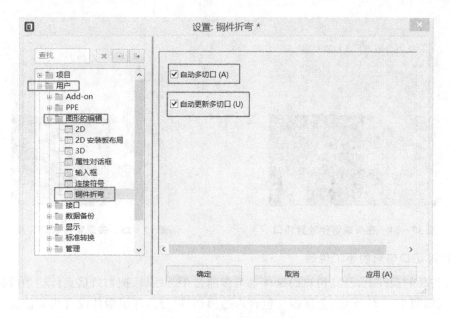

图 17 - 21　自动切口设置

在第二条铜排上放置直径为 8 mm 的切口，如图 17 - 22 所示。

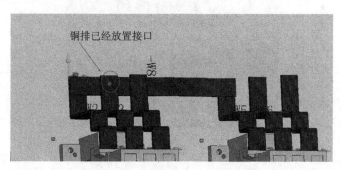

图 17 - 22　已经放置切口的铜排

按照前文方法放置相同直条铜排，如图 17 - 23 所示。

图 17 - 23　切口信息自动传输

2. 有关铜排的手动开孔设计

在已经关联的铜件上放置切口，切口信息将贯通相关铜件，如图 17 - 24 所示。
完成关联铜件切口放置如图 17 - 25 所示。

图 17-24　在关联铜件放置切口

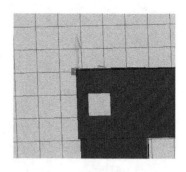

图 17-25　关联铜件切口完成

3. 铜排切口信息的手工传递

在未关联的铜件上，已有切口的铜件也可以通过手工编辑，把切口信息传输到目标铜件的安装面上，如图 17-26 所示，上层铜件包含六边形切口信息，底层铜件没有相关信息。

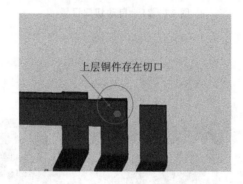

图 17-26　包含切口的源铜件

首先用鼠标选择被操作对象即包含切口的源铜件，然后在菜单界面选择"编辑"→"图形"→"传输钻孔排列样式"，在 3D 布局中选择目标铜件的安装面，即完成了手工传输切口的设计，如图 17-27 所示。

图 17-27　完成手工切口信息传输

4. 铜件组

与部件和部件组的关系类似，铜件始终是一个铜件组的组成部分。

新放置的铜件会自己建立一个新的铜件组；在已有的铜件上放置铜件，该铜件会并入原有铜件组。如图 17-28 所示为"布局空间"导航器中的铜件和铜件组。

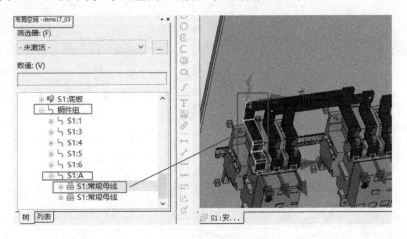

图 17-28　"布局空间"导航器中的铜件和铜件组

如果在已有铜件组上放置铜件，但是又不希望新放置的铜件并入已有的铜件组，则可以在放置该铜件前按下键盘的 N 键切换放置方式，新的铜件将以独立的部件组插入。

17.2.7　输出文件

与安装板模型视图的导出类似，铜件的导出基本方式为基于页面的导出和基于 DXF 图纸的导出。

1. 图纸架构图的创建

EPLAN Pro Panel 输出铜排图纸或者文件，需要预先设定"铜件折弯"的相关板材的折弯参数，如图 17-29 所示。

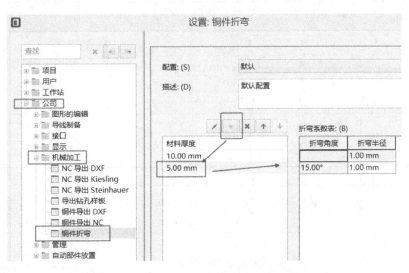

图 17-29　折弯参数设置

在项目新建"模型视图页"，在菜单中选择"插入"→"图形"→"铜件展开图"，在图纸页面上用鼠标选择铜件的展开图,之后弹出"展开图"对话框,选择"基本组件"为"S1:常规母线",如图17-30所示。

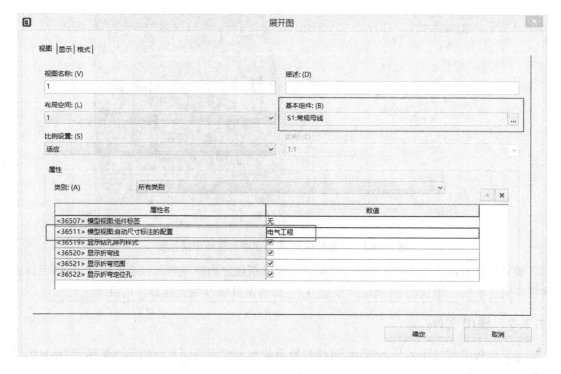

图 17-30 "展开图"对话框

单击"确定"按钮,完成后图纸如图 17-31 所示。在图纸上可以看到相关铜排的加工方法和加工参数。

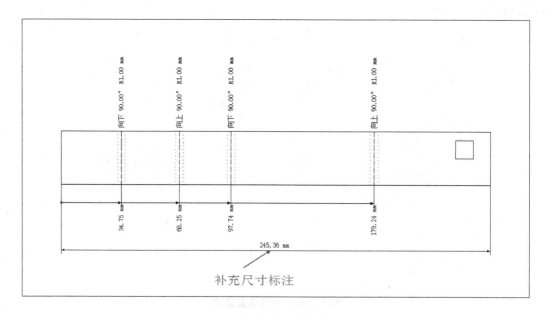

图 17-31 铜件展开图

2. DXF 图创建

铜排图纸 DXF 的导出与安装板类似，首先选择需要导出的铜件，通过选择菜单"工具"→"报表"→"机械加工"→"铜件 DXF"，在对应的目录中会出现相关铜件的加工文件。如图 17-32 所示为铜件的 DXF 导出文件。

图 17-32 铜件的 DXF 导出文件

17.3 知识点总结

本章首先讲述了铜件制造的基本思维方式，通过为铜件设定"截面（铜部件）"、"路径（构架）"生成铜件。

之后讲解了铜件布放的步骤：

① 编辑构架；

② 放置铜件；

③ 调整参数；

④ 配合"铜组件"；

⑤ 配置铜件模型视图和输出铜件图纸。

本章还对铜件的加工方式"平直弯曲"和"卷边弯曲"进行了讲解。

在完成的铜件上，还可以进行长度、角度等加工参数的编辑。

最后设计铜件上的切口。

附录　涉及的电气自动化生产设计服务企业信息

北京显通恒泰科技有限公司
地址:北京市丰台区杜家坎乙 7 号院
电话:010 - 83612389
传真:010 - 83612389 - 807
网站:http://www.xtreme-tek.com/

北京朗格贝通自动化设备有限公司
地址:北京市亦庄开发区宏达北路 12 号 B 一区 1405
电话:010 - 67868237
传真:010 - 67869815
网站:www.logicbanner.com.cn

北京金雨科创自动化技术有限公司
地址:北京市亦庄经济技术开发区科创十四街汇龙森 29 号楼 B 座
电话:010 - 56302300
传真:010 - 56302399
http://www.jinyucontrol.com/